U0095961

故宫里的
神奇动物

鸟谱

彭皓　著

梦创动漫　绘

北京理工大学出版社

BEIJING INSTITUTE OF TECHNOLOGY PRESS

图书在版编目（CIP）数据

故宫里的神奇动物. 鸟谱 / 彭皓著；梦创动漫绘
. -- 北京：北京理工大学出版社，2022.11
ISBN 978-7-5763-1704-6

Ⅰ. ①故… Ⅱ. ①彭… ②梦… Ⅲ. ①鸟类－少儿读
物 Ⅳ. ①Q95-49

中国版本图书馆CIP数据核字(2022)第170811号

出版发行 / 北京理工大学出版社有限责任公司
社　　址 / 北京市海淀区中关村南大街 5 号
邮　　编 / 100081
电　　话 / （010）68914775（总编室）
　　　　　（010）82562903（教材售后服务热线）
　　　　　（010）68944723（其他图书服务热线）
网　　址 / http://www.bitpress.com.cn
经　　销 / 全国各地新华书店
印　　刷 / 三河市金元印装有限公司
开　　本 / 880 毫米 × 1230 毫米　　1/16
印　　张 / 11　　　　　　　　　　　　　　责任编辑 / 徐艳君
字　　数 / 135千字　　　　　　　　　　　文案编辑 / 徐艳君
版　　次 / 2022 年 11 月第 1 版　2022 年 11 月第 1 次印刷　责任校对 / 刘亚男
定　　价 / 69.00元　　　　　　　　　　　责任印制 / 施胜娟

图书出现印装质量问题，请拨打售后服务热线，本社负责调换

目录

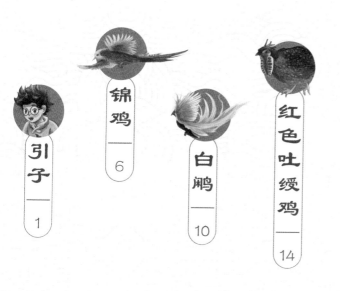

野鸡 —— 46

红嘴天鹅 —— 49

白鹅 —— 54

黄杓雁 —— 58

绿头鸭 —— 61

鸳鸯 —— 65

油葫芦 —— 68

鹳 —— 71

燄鹅 —— 75

鹈鹕 —— 79

江鸥 —— 82

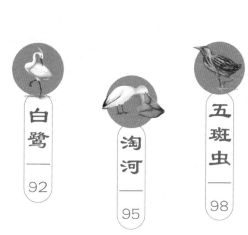

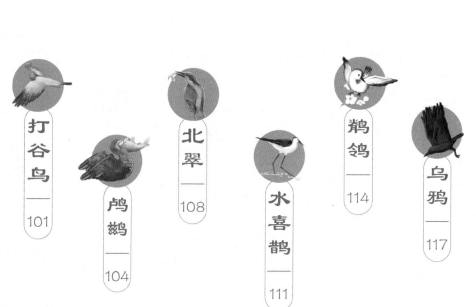

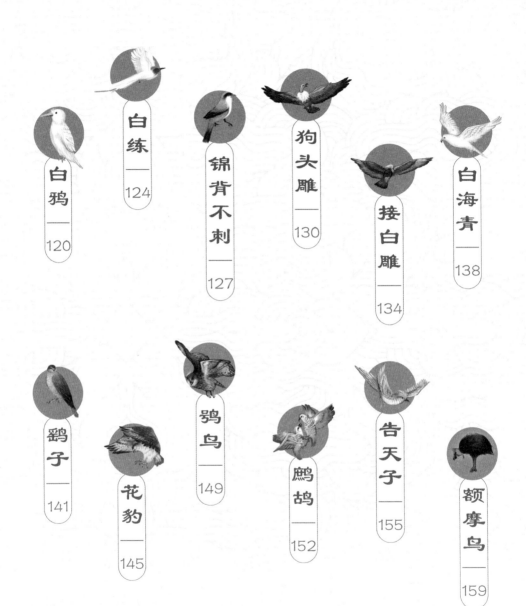

引 子

从梦境回到现实，挺长时间我都很不习惯。在院子里写作业的时候，我总觉得白泽就在旁边；上课的时候，我老是走神儿，以为自己还在故宫里遨游；手放在纸上，会不自觉地写下神兽的名字……班主任李老师批评了好几次，但我就是改不过来。

有一次，我又在考卷上把自己的名字写成了白泽，李老师有些害怕了，就给我爸爸打电话，说："我觉得问题有点儿严重啊，你们是不是带皮澹去看看心理医生？"

为了搜集我"不正常"的证据，她还叮嘱我同桌监视我的动向。

同桌叫冉乐乐，是个胆小又内向的女生，最大的特点就是"听话"。虽然有点儿怕我，但她还是认认真真地执行老师布置的秘密任务，还记了笔记！笔记还有名字：皮蛋同学的一天。

中午休息时，趁着冉乐乐离开教室，我悄悄在她抽屉里找到了《皮蛋同学的一天》，发现内容如下：

第一节课，皮蛋走神儿了。

第二节课，皮蛋走神儿了。

第三节课，皮蛋走神儿了。

第四节课……

冉乐乐回到教室，正好撞见我在偷看她的笔记本。我俩面面相觑，场面一度非常尴尬。但我是谁啊，脑瓜儿一转，立刻先发制人："冉乐乐同学，请问你为什么要给同学乱取外号？"

冉乐乐的关注点立刻被我带歪了，一个劲儿地道歉："对不起，对不起，可、可这外号不是我取的啊，我只是觉得'澹'字不太好写，才顺手写了皮蛋，我马上就改。"

我大度地点点头："原谅你了！"

冉乐乐拧着手指头，不好意思地说："那你能不能把笔记本还给我？"

"不能。"我义正词严地没收了笔记本，"这个本子就交给我保管了。"

"可这是我最喜欢的笔记本……"冉乐乐垂头丧气地坐下。

我提出一个条件，"这样吧，如果你跟李老师讲我一切正常，我就把笔记本还给你。"

冉乐乐想了想，突然狡黠地笑了："皮蛋，你是不是很怀念上次的神兽任务啊？"

我吃惊得差点儿跳起来："你、你怎么会知道这件事的？"

冉乐乐站起来转了个圈，只见她周围白光一闪，转眼就变成了白泽！白泽笑嘻嘻地说："皮蛋，我们又见面了。"

"还说呢，上次突然就把我从梦境踢回现实，连招呼都不打一个。"我使劲眨眼睛，不让白泽看到我眼眶里的泪花，"我还以为再也见不到你了。"

"别哭啊，我说过还会来找你的啊。"白泽手忙脚乱地用小爪子帮我擦眼泪。

我好奇地问："你怎么会变成冉乐乐的？"

"嘿嘿，你没发现吗，刚才整个教室就你和冉乐乐两个人。"

我看了一圈，果然如此。

"这不是现实，而是你的梦境。"白泽指着我的身后，"你刚才睡着了，貘就帮我进入了你的梦。有貘在，我想变成谁都行。"

貘站在我背后，还是很高冷的样子，淡淡地冲我点了个头，表示打招呼。

我顿时来了精神，一个劲儿地问："是不是有什么新的任务？还是寻访神兽吗？好不好玩儿？"

"比上次的任务还好玩儿，你要加入吗？"

"当然！"

白泽告诉我，上次收集《兽谱》的任务很成功，这次是要修补它的姊妹篇《鸟谱》。《鸟谱》里的鸟类都是真实存在的，我们要做的，就是找到它们，见证它们的生存状况，并且拍摄照片和视频，利用现代科技，让《鸟谱》的内容更加丰富。

"对了，这一次我们还有个新伙伴哦。" 白泽一脸神秘地说。

新伙伴？谁啊？

突然我面前出现了一个小男孩，他看上去只有五六岁，小脸蛋粉粉嫩嫩的，可爱极了。不过他的打扮着实怪异：身穿蓝色的马褂和长袍，头上戴着一顶小帽子，帽子上还镶了一块绿色的玉石——好像是电视里清朝人的装扮啊！

小男孩一出现就装酷，小手背在身后，脸蛋绷得紧紧的，一言不发。我只好主动打招呼："嘿！小弟弟，你就叫我皮蛋哥哥吧！"

没想到，小家伙一脸高傲，不屑地说："我哥哥可都是皇子，你觉得自己配吗？"

我不是。

我不配。

我翻了个白眼，悄悄问白泽："这小屁孩是谁啊？怎么比我还不正常？"

"这是小时候的乾隆皇帝，六岁的弘历，他也是用梦境的方式来到这里的。我和貘不小心闯入了他的梦境，看见他也很想了解这些动物，一时冲动就把他带过来了。"

什么？这小屁孩就是那个写了四万三千多首诗、到处给名画盖章的"点赞"狂魔？我肃然起敬，拱手道："久仰久仰，失敬失敬。"

小弘历好奇地看着我，问："你认识我吗？"

"哈哈哈，当然认识了。"我摸了摸他的小脑袋，"你可是个名人呢……"

等一下！我突然想到一个问题，转向白泽问："这不相当于时间旅行吗？我们说的话，做的事，会不会影响历史走向？也就是引发那个关于时间旅行的悖论。"

"不会的，不会的。貘会消除他关于梦境的记忆，梦醒后他不会记得任何事情。"

这样就好。于是，我们带着小弘历开始了新的任务之旅。因为《鸟谱》收藏在故宫中，所以我给这个任务取名"故宫飞羽"。

锦 鸡

　　"故宫飞羽"的第一个任务是寻访锦鸡。

　　在我的印象中，锦鸡是一种在地上行走的鸟类，不太会飞，除了羽毛很漂亮，没有什么特别之处。

　　但白泽告诉我，锦鸡远远不止我想象得那么简单。"你们人类有句俗话，脱毛的凤凰不如鸡，可是你知道吗，锦鸡很可能就是凤凰的原型哦。"

　　"什、什么？凤凰的原型不是……不是……"我突然发现，我还真不知道凤凰的原型是什么。

　　"什么是原型？"小弘历好奇地问。

"原型就是……比如说凤凰，世界上并没有这种动物，它可能是人们根据锦鸡和别的一些鸟类，经过艺术加工形成的一种神话形象。"我绞尽脑汁终于回答了这个问题。

但小弘历似乎喜欢刨根问底，质疑道："你不是在故宫里见过凤凰吗？还有白泽和貘，这说明神兽是真实存在的呀。"

"我只是解释原型是什么意思。好了好了，我们赶紧去做任务吧。"我可不是通晓万物的白泽，赶紧转移话题。我拉着他们使劲一跃，在瞬间失重的感觉后，大家来到了一个山谷里。周围都是连绵起伏的大山，十分巍峨，山间萦绕着白纱状的云雾，宛如仙境。

"这是哪儿啊，有点儿凉飕飕的。"穿着短袖短裤的我打了个冷战。

白泽说："这是陕西的岐山……"

"岐山也叫天柱山，属于秦岭山脉。当年周文王就是在这里听见凤凰的鸣叫声的。人们认为周文王是有德的明君，才会引来凤凰，于是对他心悦诚服，周王室从此兴盛起来。这就是'凤鸣岐山'的典故。"抢答完毕，小弘历好奇地看着四周，

满脸惊叹，"难怪古人说，行万里路，读万卷书，我在画卷上看过这样的景色，但是远远没有现实中这么震撼。"

我开始寻找锦鸡的踪影，小弘历也跟在我屁股后面转悠，可是我俩压根儿就不了解锦鸡的生活习性，找来找去连根羽毛都没发现。

白泽看不下去了，说："锦鸡用干枯的树叶和掉落的羽毛筑巢，巢穴隐藏在不容易被发现的枯木下面、荆棘丛里或者岩石的缝隙里。"

按照白泽的科普，我们很快就找到了一个隐藏在岩石缝隙里的锦鸡巢穴，却大失所望——里面只有一只灰扑扑的鸟儿，正蹲着孵蛋呢。

"凤凰的原型长这样？"我深深地表示怀疑。

"这就是红腹锦鸡，不过是雌性。"白泽鄙视地看了我一眼，"鸟类的雄性和雌性外表差异很大，你不知道吗？雄性锦鸡为了能在求偶中占据优势，所以羽毛颜色非常华丽，头上还有金黄色的丝状羽冠。而雌性锦鸡不用求偶，所以长得也朴实无华。"

过了一会儿，雄鸟回来了。哇，它真的太美丽了，我顿时相信它就是凤凰的原型了！

雄鸟看见我们，吓得尖叫起来，转头就跑。但它很快又跑了回来，展开浑身的羽毛，鸣叫着向我们冲过来。

我觉得它是想保护它的妻子和蛋宝宝，于是赶紧飞了起来，举起双手大喊："我们是好人，不会伤害你们的！"

喊完我才想到，它听不懂我说的话。

然而神奇的事情发生了，雄鸟停下了攻击，歪着脑袋，用它圆溜溜的小眼睛疑惑地看着我，似乎在想：这是个什么生物？

白泽一边安抚它，一边让我赶紧拍摄记录。

小弘历蹲在我旁边，好奇地看着摄像机，时不时用手摸一下。

就这样，我们手忙脚乱地完成了第一个任务。

神奇秘语

> 锦鸡是红腹锦鸡和白腹锦鸡的总称。生活在 2000 ～ 4000 米海拔的山地，栖息在有岩石的山地、有荆棘或灌木丛的山坡、低矮的竹林，或者次生的亚热带阔叶林、落叶阔叶林中。它们喜欢吃竹笋、农作物、草籽，有时候也会吃昆虫。
>
> 它们 4 月下旬开始繁殖，每次产卵 5 ～ 9 枚，孵化期约 21 天，由雄鸟和雌鸟轮流孵化。

白鹇

下一站是四川的青城山，人称"青城天下幽"，果然，一进山就如踏入了一条林幽水秀、草木葱茏的画廊。走在古木遮天、铺满青苔的石板路上，我忽然想到妈妈放过的一首老歌："青城山下白素贞，洞中千年修此身……"

不过，我们不是来求仙问道的，而是来寻找一种叫白鹇的鸟。白鹇分布范围很广，是小弘历坚持要来青城山的，因为他说唐代大诗人李白非常喜欢白鹇，还曾经在青城山试图驯养野生白鹇，但是因为白鹇野性比较强，他的计划失败了。

作为白鹇的忠实粉丝，李白并没有放弃。黄山有一位隐士胡公饲养了一对由家鸡孵化的白鹇，李白听说以后，立刻上门求取。胡公答应把双鹇送给李白，但是提了一个要求：李白必须亲笔题诗一首。

李白兴奋极了，立刻写下五言律诗《赠黄山胡公求白鹇》，诗中极力赞美白鹇的高洁优雅，并表达自己的喜悦心情以及对胡公的感激之情。

小屁孩还挺博闻嘛，不过听他说要将李白作为自己的偶像时，我还是忍不住偷偷笑了起来——你将来写的诗可比李白要多得多，不过质量嘛……

小弘历讲完故事，脸蛋绷得也不那么紧了。

白泽继续补充："白鹇自古以来就是名贵的观赏鸟，因为它们啼声喑哑，所以被称为'哑瑞'。宋代文人赞美它们举止闲暇优雅，又称其为'闲客'。清朝的时候，还把白鹇图案作为五品官服的补子。"

说话之间，我们已经来到了山林深处，侧耳倾听，各种各样的鸟鸣声在密林里此起彼伏。白鹇主要栖息在海拔 2000 米以下的亚热带常绿阔叶林中，距离地面 6 ~ 8 米的高大乔木浓密的树冠下面，喜欢群居。它们胆子很小，一到黄昏就到树上去栖息了，天亮后再下地活动。

"它们的活动范围和路线都很固定，只要找到它们栖息的树，就能观察它们的生存状态了。"白泽和我决定分头寻找，找到以后用手机联系。

"手机是什么？我也要用手机联系。" 小弘历好奇得眼睛都在发光，满怀期待地看着我们。

我用意念给他变出一部手机，耐心地教他使用。这孩子聪明极了，不仅一教就会，还会举一反三，很快就玩得很溜了。

我很快就在一棵大树周围发现了一群白鹇，赶紧打电话通知他们过来。

白鹇的雄鸟非常美丽，脸蛋红红的，背部和翅膀的羽毛以及长长的尾羽是白色的，羽冠和腹部的羽毛是蓝黑色的，看上去优雅而华丽。雌鸟的体形比雄鸟小很多，羽毛是棕褐色的，尾羽也很短，看起来非常质朴。

它们大部分时间都在觅食，而且食物种类比较杂，从植物的根茎、叶子、花、果实、种子，到苔藓、坚果，甚至蝗虫、蚂蚁等昆虫，白鹇通通来者不拒，简直就是个吃货啊，这跟它美丽优雅的外表太不搭配了。

我进行拍摄记录的时候，小弘历也用手机拍了不少视频和照片，动作熟练极了。如果不知道他的身份，我真的会以为他是一个从小就接触电子产品的现代孩子呢！

神奇秘语

南宋末年，丞相陆秀夫等人保护七岁的宋少帝一路逃亡到广东崖山。有人献给少帝一只白鹇，七岁的少帝非常喜欢它，并亲自照顾，一人一鸟成为好朋友。

第二年，宋军在崖山战役中失败，陆秀夫和小皇帝跳海殉国。白鹇非常悲伤，拼命从鸟笼中挣脱出来，也跳进了海中。从此，白鹇被人们尊为"义鸟"。

shòu

红色吐绶鸡

"红色吐绶鸡？这不就是火鸡吗？这个我熟啊，火鸡翅膀我爱吃！"我一看下一个任务中鸟的名字就乐了，"火鸡主要分布于温带和亚热带森林里，喜欢栖息在有水源的地方。它们喜欢群居，性格温和，但是行动很迟缓，受到惊吓就赶紧逃跑。在西方的感恩节中，火鸡是必备食材，象征着丰收和团圆。"

"不错不错，你对火鸡倒是挺了解的，火鸡的确又叫吐绶鸡。"白泽给我点了个赞。

"没想到你还挺厉害的嘛！"小弘历也对我刮目相看。

"过奖过奖。"能在上古神兽和未来皇帝的面前显摆一下，我表面上云淡风轻，其实心里早就乐开了花。

然而白泽话锋一转，"但是《鸟谱》里的红色吐绶鸡其实不是火鸡，不信你看看图。"

什么？不是火鸡？我翻开白泽给我的《鸟谱》复制本，找到红色吐绶鸡的图，仔细一看，好像的确不是火鸡。那它是什么呢？

白泽拿出手机，拍下《鸟谱》上的图，在浏览器里点击"以图搜图"，很快就找到了这种鸟真正的名字——红腹角雉。

小弘历的眼睛又亮了，"这就是你们说的网络吗？是不是任何事情都可以在网络上找到答案？"

我想了想，说："虽然不是任何事情都能找到答案，但在网络上的确可以找到很多知识和信息。"

"我要赶紧找找，我想知道好多事儿呢……"小弘历一边嘟哝，一边迫不及待地开始上网冲浪了。

"他不会看到什么特别的信息吧？"我向白泽眨眨眼。

"不会的。"白泽小声说，"在梦里，一切和他自己有关的内容都被貘屏蔽掉了，他上网只能看些与历史不相关的东西。"

好吧，那我就放心了——作为唯一的现代人，我觉得自己有责任防止一切可能引起混乱的因素。

"你还挺细心的嘛！"白泽也不知是在夸赞还是在讥讽我，说完就开始科普起来。

红腹角雉的胆子非常小，外出觅食的时候，在通过没有树木遮掩的小路之前，都要四处张望，确定没有危险才飞快地跑过去。它们甚至会小心地避开植物，因此人们也叫它"避株"。

虽然胆小，但它们喜欢独居，即使在夜晚也是单独栖息在属于自己的树枝上，只有在寒冷的冬季才会偶尔抱团取暖。

"那《鸟谱》上的信息就是写错了，为什么没人发现呢？"我纳闷儿地问。

白泽耸耸肩，说："那时候信息不发达，知识也没有现在这么普及，出现错误也很正常。即使有人发现了这些错误，但谁敢质疑皇帝下令编撰的图书啊。"

"这是哪位皇帝下令编撰的图书啊？"小弘历好奇地问。

我和白泽赶紧打个哈哈，岔开话题。

"你知道它们为什么叫吐绶鸡吗？这是因为，雄鸟在求偶的时候，除了用漂亮

的羽毛来吸引雌鸟外，还有个撒手锏——伸出头上的肉角，展开胸前收缩着的肉裙，绽放出红蓝相间的漂亮花纹，就像吐出了一条美丽的绶带一样。"

"真是神奇啊！"小弘历感叹道。

"不过，这种美丽也给它们带来了巨大的灾难，人们为了观赏，大量捕捉，使它们数量急剧减少，已经成了濒危动物。"听到这里，大家都沉默了。

由于数量稀少，我们找了很久，才终于拍摄到一些红色吐绶鸡的影像资料。希望这些资料能让人们了解这种美丽的鸟儿，从而更爱护它们，而不是为了贪欲来伤害它们。

神奇秘语

　　红腹角雉项下的肉裙，色彩绚丽而富于变幻，两边分别有八个镶着白边的鲜红色斑块，中间散布着许多天蓝色的斑点，有人说这些斑点很像草书的"寿"字，所以又称它为"寿鸡"，将其视为长寿和好运的象征。

朱顶大啄木

　　白泽将我们领到了西南地区的一座大山中，它说在这里能找到朱顶大啄木的踪迹。在山林里找鸟，有种寻宝的感觉——简直有趣极了，我们立刻分头开工，比赛看谁先发现目标。

　　我朝林子深处走，并理所当然地认为，既然名字里有个"朱"字，那它一定是红色的。于是我到处寻找红色的啄木鸟，结果啄木鸟是找到了，但羽毛却都是黑色的。

　　我正在发愁，白泽忽然叫起来："我找到啦！我赢得比赛啦！"

　　我们走过去。"嘟嘟嘟……"，果然有只鸟正在欢快地啄树呢。不过……这不也是黑色的，和我看过的那些一模一样啊！小弘历似乎也有同样的疑惑，和我异口同声地问："黑色的？"

　　"对啊！黑色的。"白泽笑嘻嘻地对我们说，"朱顶大啄木，本来就是黑色的，只不过它们头顶上有朱红色的羽冠！你们望文生义，错过了目标，可要愿赌服输呀！"

　　"好吧！"我不争辩了。因为，啄树的朱顶大啄木已经停下来，正瞪大圆溜溜的小眼睛看着我们，似乎在想：这几个家伙跑到我跟前，嘀嘀咕咕地吵什么呢？

　　小弘历问白泽："这到底是啄木鸟还是乌鸦？"

　　白泽哈哈大笑："你见过会啄木头的乌鸦吗？这就是如假包换的朱顶大啄木，不信你们看看资料。"

　　我拿出手机一查，果然如此：

　　朱顶大啄木，又叫黑啄木鸟，是啄木鸟中最大的一种，身体长度 45 ～ 47 厘米，翼展可以达到 64 ～ 68 厘米，体重 300 ～ 350 克，寿命可达 11 年。

它们全身羽毛几乎是黑色的，雌性和雄性的差异主要体现在体形和羽冠的颜色上。雌性个头儿较小，只有后脑勺有一撮朱红色的羽毛。而雄性个头儿比较大，额头、头顶和后脑勺全都是朱红色。

这时，朱顶大啄木从树上飞下来，落到地面上，低着头寻找着什么。

"它在找什么？"小弘历好奇地问。

白泽解释道："朱顶大啄木跟别的啄木鸟不一样，比起树干里的虫子，它们更喜欢吃昆虫和它们的幼虫，特别是蚂蚁、金龟子什么的。冬天如果找不到蚂蚁，它们还会吃冬眠的蜜蜂。有时候它们还会吃点水果什么的，甚至还会吃鸟蛋和小型的鸟类。"

"真没想到，它还是个美食家呢！"原来鸟儿的食谱也能这么丰富，我感到惊讶。

"啄木鸟还有个更神奇的传说呢！"白泽给我们讲了一个故事。

远古时，人们失去了火种，到了夜里到处都是黑暗，没有光明，也没有温暖，很多人因此生了病。有个青年，决心改变这种状况，他离开故土，到处寻找新的火种，可是过了很久，都没有找到。

一天，他路过一片巨大的森林，在伸手不见五指的黑暗中摸索着前行。忽然他看见前方有一闪一闪的亮光，赶紧追了过去，看到一棵直插云霄的参天大树，树上有一只鸟正在用喙啄树，每啄一下就有火花迸出。青年因此获得灵感，发明了钻木取火的方法。他给这棵大树取名燧木，自称为燧人氏。

我和小弘历惊呼："天哪，这故事是真的吗？真的是朱顶

大啄木启发了燧人氏？太神奇了！"

但是白泽打击了我们，它说："我觉得是假的。如果啄木鸟啄一下树干就能冒出火星，那岂不是经常发生森林火灾。"

言之有理。我摸摸鼻子，默默地去拍摄朱顶大啄木的生活场景了。

啄木鸟每天敲击树干，为什么不会得脑震荡呢？

啄木鸟的大脑很小，紧贴在头骨上。头骨很厚，有很多类似海绵的小缝隙，可以减轻震动。眼睛的瞬膜会在撞击的一瞬间闭合，像安全带一样保护眼珠。它的舌很长，把头骨包围起来。这些都构成了啄木鸟独特的"减震装置"。

戴　胜

　　看到戴胜的图片，我觉得非常眼熟，好像在哪里见过。对了，是在一本地图集上。上面讲述了世界各地的国家，以及国花、国鸟之类的。戴胜是以色列的国鸟，在 2008 年的时候，15 万以色列人参加了投票选举国鸟的活动，戴胜在十几种候选鸟中以绝对优势胜出，人们选它的理由是，它既美丽，又是尽职的父母。

　　小弘历也觉得非常眼熟："这不是赵孟頫的《幽篁戴胜图》里面，那只栖息在幽篁之上的戴胜鸟吗？"

　　白泽悄悄告诉我："如今那幅画上，还有乾隆皇帝御题的一首诗呢！"

　　"真是暴殄天物……"我小声评价。

　　"你们在说什么呀？"小弘历看到我们背着他说话，似乎有点儿不高兴。

　　白泽连忙说："没什么，没什么。我在准备给你们普及一下戴胜的知识呢！戴胜，就是'头戴华胜'的意思。华胜是古代女子的一种发饰，精美而华丽。传说女娲创造这个世界时，在第七天造出了人，因此古人将正月初七定为人日。人日这天，

女子都要头戴华胜，以示庆祝。后来人们看到有种鸟的羽冠非常漂亮，像是人类女子佩戴华胜的样子，就叫它戴胜鸟。"

戴胜鸟的分布范围非常广，白泽的故事还没讲完，我们就在一个果园里找到了一只戴胜。

这只戴胜正趴在果树上寻找虫子，突然看到我们，吓了一大跳，赶紧张开羽冠，试图吓唬我们。

我们赶紧退后一点儿，表示不会伤害它。

戴胜觉得危险解除了，就把羽冠又合了起来，不再理会我们，自顾自地继续寻找虫子。找到虫子后，它并没有吃掉，而是叼着虫子飞了起来。

"这是要做什么？"小弘历很好奇。

白泽小声说："别说话，我们快跟上去！可能是雌鸟在孵小鸟，这是位鸟爸爸，要给妻子'送饭'了。"

我们跟着戴胜来到了它的"家"，我悄悄靠近巢穴，拿出相机正打算拍摄，可

忽然刮来一阵风，鸟巢里顷刻散发出难闻的恶臭。我怕打扰戴胜夫妻，专门挑了下风口，这下差点儿被熏得晕过去。

"这、这是什么味儿？"简直不敢相信，这么漂亮的鸟儿，家里竟然这么臭。

小弘历也捂住鼻子，嚷道："真是臭不可闻，这原来是种不讲卫生的脏鸟！"

"才不是呢！"白泽似乎早有准备，看到我们狼狈的样子，说，"戴胜其实也爱干净，平时都将羽毛梳洗得整整齐齐的。现在它们这样做是有缘由的——繁殖期间，雌鸟整天都在孵蛋，要在鸟巢里吃喝拉撒；此外，它还专门分泌一种非常恶臭的油脂，让鸟巢更加恶臭熏天，这样捕食者就会'知臭而退'，从而确保小鸟能安全孵化出来。"

"如此用心良苦，难怪人们说它们是尽职的父母呢！"

"不过这也为它们招来了一个不好的绰号——'臭姑鸪'。"

"为什么叫'臭姑姑'，不是'臭舅舅'？"我纳闷儿地问。

白泽哈哈大笑："因为它们的叫声像是'姑姑'，而不是'舅舅'。你知道吗，唐代诗人贾岛还给戴胜写了一首诗，把它们比喻成紫姑仙子呢。"

"这个紫姑仙子是干吗的？"

"管厕所的。"

"……"

神奇秘语

在中国神话中，西王母是一位很重要的女神。据《山海经》记载，西王母虽然仍然长着豹子尾巴和老虎牙齿，还会像虎豹那样啸叫，但已经是人的形象了，乱蓬蓬的头发上还戴着发饰"胜"。从此，戴胜就成了西王母的一个重要特征。不知道戴胜鸟跟西王母之间有什么关系呢？

刺毛鹰

"下一个任务是什么？"

"刺毛鹰。"白泽翻着《鸟谱》，眉头都皱了起来——不是觉得任务困难的那种皱眉，而是似乎对刺毛鹰颇有成见。看来这是一种十分不讨喜的鸟啊。

"刺毛鹰是什么鸟，我怎么没听说过？"小弘历问出了我的疑惑。

"就是布谷嘛，一种讨厌的家伙！"

"布谷啊！"我恍然大悟，"这种鸟的声音可好听了，爷爷有一个很老的钟，每到整点就会出来一只布谷唱歌。"

"哼，我真不明白你们人类为什么要把这种鸟做成装饰品放在家里。"白泽说得义愤填膺，难得见它对一种动物表现得这么厌恶，不禁让我觉得很好奇。

"你为什么这么讨厌它？"我好奇地问。

白泽反问我："布谷就是杜鹃，你不知道它的繁殖方式吗？"

我还真不知道。为了不暴露我的无知，我悄悄用手机上网搜索了一下。不看不知道，一看吓一跳，原来布谷是这么有心机的鸟！

当别的鸟儿忙忙碌碌筑巢准备繁殖后代的时候，布谷悠哉游哉地到处闲逛、唱歌，让人们以为它是在提醒自己"布谷布谷"。

到了繁殖季节，布谷就傻眼了：连个鸟巢都没有，怎么孵蛋呢？

别担心，这点"小问题"可难不倒它们。布谷想出了一个极其无耻、自私的主意：把蛋生到其他鸟儿的巢穴里，让巢穴的主人帮自己孵蛋。它甚至连目标都找好了——淡眉柳莺的蛋跟我的蛋差不多大，就它了！

可是，柳莺的窝里已经有好几枚蛋了啊，等宝宝孵出来，岂不是太拥挤了？不行，得想想办法。布谷眉头一皱，计上心来，竟然悄悄把柳莺的蛋衔走几枚，狠心丢掉。

然而这还不是全部，小布谷的所为更令人心寒。它们通常比小柳莺先孵化出来，与生俱来的本能让它们一出来，就成了冷血的杀手。它们想方设法地将柳莺蛋驮到自己的背上，然后挣扎着将其扔出巢外——可怜的柳莺，辛苦孵化，却不知道自己真正的孩子，早就被害死了。

布谷个头儿比柳莺大得多，为了喂饱它们的幼鸟，那些"代理父母"不得不整日奔波，四处找虫子，而杀害它们孩子的凶手，却安然自得地躺在窝里等着哺育。

"除了柳莺，画眉、伯劳等其他小鸟都是受害者。在我看来，它们虽然不是鹰，但比凶残的老鹰更加可恶。"白泽愤愤不平地说，"孔子不是说过'骥不称其力，称其德也'这样的话吗？你们为什么单单因为布谷的叫声就喜欢它们呢？"

白泽义正词严的话，深深说服了小弘历。小家伙口里不断嚷着："坏鸟，坏鸟，我再也不喜欢它们了！"就在这时，我们正好目睹了一场由布谷导演的"鸠占鹊巢"，小弘历立刻要冲过去制止这场阴谋，但我一把拉住了他。

"拍摄纪录片的一大准则就是永不干涉！我们不能用自己的道德标准和喜好去

要求动物，干扰大自然的法则。"

小弘历很不理解，迷惑地望向白泽。

白泽虽然讨厌布谷，但还是点头，同意我的做法。就这样，我们一起"无动于衷"地目睹了整个悲剧的过程——虽然拍摄到了十分难得的画面，但大家心情都很复杂。

"也许世界就是这样的。只有生存，没有对错……"小弘历喃喃地说。

"不，不能这样想。"我赶紧纠正小家伙错误的价值观，"那是动物的规则。'己所不欲，勿施于人'才是我们人类的准则！"

布谷就是杜鹃，也叫刺毛鹰，这是因为它很喜欢吃一种黑色的毛虫，而这种毛虫喜欢吃松树的嫩叶，是一种害虫。布谷吃害虫，对保护森林植被和庄稼起到了非常重要的作用。因此，虽然有"鸠占鹊巢"的恶名，但是对人类而言，它仍属于益鸟。

王冈哥

"王冈哥？哈，这名字可真好笑！"我翻看着《鸟谱》对白泽说，"听起来好像是个人的名字呢？"

"这有什么好笑的，本来很多鸟儿的名字就是来源于民间传说。在传说里，有的鸟儿是野兽变成的，有的鸟儿是草木变成的，当然也有是人变成的了。人变成的鸟儿，叫人的名字不是很正常吗？"小弘历扬着稚嫩的脸，故作老成地教育起我来。

"哈哈，说得好！"白泽居然夸奖起他来，"看来见识和年龄的确不是成正比的啊！这鸟儿的名字就是源自一个民间故事。"

在我和小弘历的共同请求下，白泽讲述了这个故事：

很久以前，有两个商人结伴外出。经过一座大山林时，一个姓王的商人失踪了。他的同伴到处寻找也找不到。路过的人都说："这山里野兽众多，气候恶劣，经常有失踪的人，你还是赶紧走吧！"

同伴不忍心，说："我们一同出来，就应该一同回去。他的家人都在家里等着呢，我怎么能丢下他一个人走呢！"于是，他不顾劝告，离开道路，跑到深林里去搜寻。自此，人们就再也没有见到过他。

几年以后，大山中出现了一种奇怪的鸟儿，这鸟的叫声非常凄凉，仔细分辨，似乎是在呼喊："王冈哥，回家了！王冈哥，回家了！"

人们都说："唉！这就是那个寻找同伴的商人啊！他一定是饥寒交迫，倒在了深林里，不甘的灵魂化成了这小鸟儿，到现在他还在寻找同伴呢……"

"这小鸟儿真可怜！"小弘历听了故事，眼睛都红了。

我点点头："失踪的商人应该叫王冈，他的朋友可真够哥们儿，为了寻找他，自己也失去了生命！这大概就是生死之交吧！"

"如果你的朋友有危险，你能这样帮助他们吗？"白泽闪着大眼睛问。

"当然！"我不假思索地回答，"我皮蛋可从不抛弃朋友！"

"那可不一定，"小弘历摇着头说，"在我们皇家，连亲兄弟眼中都只有利益，谁要是遭了难，其他人躲都来不及。想想有时候人真的不如鸟儿……"

小家伙居然有这么深刻的体验，他家里该有多么不和睦啊！还好我没有生在帝王家。

这话题太沉重了，白泽为了缓和气氛，开始科普起来。

王冈哥的学名叫欧夜鹰，主要分布在欧洲、亚洲的温带地区，喜欢在海拔2000米以下的山地和平原森林栖息。它们是夜行性生物，白天在树枝上或者地上的隐蔽处休息，到了黄昏就出来活动。

欧夜鹰的主要食物是昆虫，它们的捕食方式很奇特——找到蚊虫集中的地方，张开大嘴，一边飞行一边猎食。它的嘴看上去不大，但是开口很宽，嘴巴周围有一些类似胡须的羽毛，这些羽毛就像一张网一样，可以捕获附近的蚊虫。

这种捕猎方式一度让人们产生误会，误认为欧夜鹰是在吐出肚子里的蚊子！于是给了这种小鸟一个"蚊母鸟"的别名，还说它们是蚊子之母，夏天的蚊子都是从它们的肚子里吐出来的。

"这可真是大错特错！"小弘历听到这儿，忍不住说，"人们怎么能冤枉这么好的鸟儿呢！"

"是啊！"白泽说，"事情如果不仔细调查就轻易下结论，往往会弄错是非曲直，把好的当成坏的，把坏的当成好的。"

神奇秘语   欧夜鹰没有巢穴，繁殖的时候，直接把蛋生在地上，连个坑都没有。它们通常一次只产两枚卵，大小跟鹌鹑蛋差不多，白色的卵上面有不规则的斑点。雄鸟和雌鸟会轮流孵化，15～21天后，小鸟就破壳而出了。破壳的第三天，为了躲避炙热的阳光、洪水以及天敌，鸟爸爸鸟妈妈会带领宝宝转移阵地。

nǔ
弩克鸦克

"为什么这种鸟叫弩克鸦克呢？"小弘历指着《鸟谱》上下一页的图案好奇地问。

"弩克鸦克……这名字一定是翻译过来的，它明明就是冠斑犀鸟嘛！这种情况，我以前见过很多了，比如'意夜那'是鬣狗，'加默良'是变色龙，'恶那西约'是长颈鹿。"我言之凿凿地说。

小弘历一听，脸上露出崇拜的神色："皮蛋哥哥，没看出来你也这么博学呀！"

"那是当然，我最能举一反三了。"我沾沾自喜道。

白泽在一旁笑了起来，"嘿嘿，你这可不是举一反三，我看应该叫'生搬硬套'！"

"怎么？难道我说错了？"

"错没错，你到了那里就知道啦！"

不一会儿，我们就来到位于广西的西大明山自然保护区。根据资料，这里的亚热带森林是冠斑犀鸟最喜欢的栖息场所。我们沿着森林边缘开阔地带，寻找它们的踪影——冠斑犀鸟通常将巢安置在森林边缘高大树木的树洞里面。

白泽眼尖，最先发现了鸟巢。不过，那鸟巢好奇怪，只有一个很小的缝隙。"你不会找错了吧？"我疑惑地问，"冠斑犀鸟那么大的个头儿，怎么能留这么小的入口？"

"不知道吧！这个时间正是它们的孵化期。弩克鸦克为了防止猴子和蛇等天敌，以及其他来抢夺巢穴的同类，就在雌鸟产卵后，封闭巢穴的入口，只留一个小缝隙。雌鸟专心在里面孵蛋，雄鸟负责在外面找吃的。找到吃的以后，它就通过预留的小缝隙喂食孵蛋的妻子。这个过程要持续40多天呢！"

"原来是这样啊！"小弘历感慨，"鸟爸爸、鸟妈妈也都很辛苦呢，尤其是鸟妈妈，

在那么小的洞里，待上 40 多天，简直赶上人类怀胎十月了。"

"对呀！父爱、母爱可不是你们人类的专利，动物同样具有，有些表现得比人类还要炽烈呢！"

白泽说的这点我同意。我看过很多纪录片，见到过许多动物为了保护自己的子女毫不犹豫地牺牲自己的生命，那种场景既震撼又令人感动。

"鸟妈妈几十天待在巢穴里不出来，里面岂不是太不卫生了……"小弘历想要靠近观察，又忽然停下来，大概他是想到了戴胜鸟巢穴里那种让人难忘的气味。

"不会的。"白泽说，"弩克鸦克很讲卫生，封闭巢穴之前它们就将家打扫得干干净净的了。雌鸟在里面孵蛋，排泄的时候也会对着洞口，排泄到外面，不会排在巢穴中。这样它们的小宝宝就能出生在一个干净、舒适的窝里了。"

"它们真是模范父母，一点一滴都用心良苦。"我感慨道。

"还是模范夫妻呢！"白泽补充说，"弩克鸦克对配偶十分忠贞，配对以后就一生不离不弃。如果有一只鸟儿意外死掉了，它的配偶也会不吃不喝，绝食而亡。了解它们的人都非常钦佩它们，将它们称为'爱情鸟'。"

"原来弩克鸦克身上有这么多美好的品质，我们得好好记录它们的生存状况，号召大家一起来保护它们。"说干就干，我认认真真地开始了拍摄和记录。这时正好鸟爸爸带着食物回来了，它远远地看见我们，又惊又怒，"nuke-yak，nuke-yak"地大叫着向我们扑过来。我们赶紧躲避，远离它的巢穴。

我这才恍然大悟，原来"弩克鸦克"的名字，是源自它们的叫声呀，难怪白泽说我"生搬硬套"呢！

神奇秘语

冠斑犀鸟还有个外号，叫"森林农夫"。它们的主要食物是植物的果实和种子，这些果实和种子无法消化，会随着粪便排出，无形中起到了传播种子的作用，对森林的生态系统健康非常重要。

然而，为它们提供食物和巢穴的树木遭到大量砍伐，给冠斑犀鸟的生存带来了很大的威胁。

越燕

我对任务流程越来越熟练了：搜索图片，找到学名和资料，去主要分布地寻找，找到后拍摄记录。

按照这个流程，我很快就找到了越燕的学名——金腰燕。顾名思义，就是它有一条黄色的腰带。

金腰燕是中国常见的夏候鸟，分布范围很广。自古以来，人们认为燕子是吉祥的鸟儿，能带来好运，因此大家都喜欢燕子，欢迎它们到家里筑巢。但随着城市的发展，燕子的栖息环境越来越少。有一次爸爸还说，在他小的时候，屋檐下、电线杆上，以及山岩中到处都有燕子的巢穴，有家燕，也有金腰燕，它们成群结队飞来飞去，就像空中优雅的精灵一样。可是现在，已经很难再看到它们的踪迹了。

"城市越建越大，人类却越来越孤独。再这么下去，你们用来保护自己的钢筋水泥，就要成为牢笼了。"白泽说。

小弘历似乎不懂什么是钢筋水泥，也感受不到环境破坏的严重性，只是央求白泽多给他讲讲关于燕子的故事。

白泽想了想，讲了一个燕子报恩的故事。

很久很久以前，有个贫穷的老婆婆。她虽然家徒四壁，却很有爱心。有一天，她刚出门，就看到一只小燕子趴在地上。婆婆走过去，发现燕子的翅膀折断了。她非常心疼，小心翼翼地将燕子捧起来带回家，为它涂药、包扎起来。

经过精心照料，半个月后燕子能飞了，婆婆便将它放走了。又过了半个月，燕子飞回来了，嘴里还衔着一颗种子。婆婆将种子种到地里，第二天就长出了南瓜秧，接着开花、结果，在熟透的大南瓜里滚出了一块金子。

邻居地主婆见穷婆婆种出一块金子非常眼红，她得知事情的原委后，故意用竹竿将飞过的燕子打落下来。然后，从中挑出一只瘸腿的燕子，帮它包扎好。过了半个月，燕子飞走了，也衔回一颗种子。地主婆将种子种下去，也长出了一个大南瓜。瓜一熟，她就迫不及待地将其切开——没想到里面没有金子，却爬出一条毒蛇。地主婆被毒蛇咬伤，一命呜呼了。

"这地主婆真是可恶，被毒蛇咬死也是自作自受！"小弘历愤愤不平地说。

"是啊！她为了自己的利益，肆意伤害小燕子，遭到报应也是必然的。"白泽说，"这就是善有善报，恶有恶报的道理。"

作为一个现代人类，我知道人类如何破坏大自然，对动物造成了什么样的伤害。听了白泽的话，我心里不禁恻然。真希望所有的人都能早点儿醒悟——算了，与其在这里哀叹，还不如赶快完成任务，通过宣传这些动物的知识，让大家知道它们的可爱、可敬与可畏。

我们来到一个环境较好的村庄外，那里的电线上果然立着很多金腰燕，远远望去，它们就像是五线谱上的音符，真是可爱极了。我小心翼翼地接近它们，拿出摄

像机拍摄，小弘历也拿出手机想拍摄。可是金腰燕一发现我们，便叽叽喳喳地叫着飞起来。

"它们在说什么呀？"小弘历好奇地问。

"它们正在呼喊同伴逃开呢！"白泽说，"它们将你的手机当成了弹弓，将皮蛋的摄像机当作了猎枪……它们受到的伤害太多了，已经不相信人类了。"

我虽然已经拍摄到了图像，但一点儿都不高兴，看来人类要得到动物的谅解，绝不是件容易的事！

神奇秘语

据史书记载，很久很久以前，有一个名叫简狄的女子看到一只漂亮的玄鸟，非常喜爱，很想把它留下来，却没能成功。玄鸟飞走了，留下了一颗蛋。简狄好奇地吞下蛋，后来就生下了一个男孩，取名为契。契是商朝的祖先，人们将这件事称为"玄鸟生商"。有人认为，玄鸟就是燕子。

越 鸡

"越鸡？不就是越地产的鸡嘛！这《鸟谱》还真是细大不捐呢，连最常见的鸡也收录了进去。"我看着下一个任务，颇觉无聊。

"这就是越鸡啊！我吃过清汤越鸡，可好吃了！"小弘历果然是皇家出来的，一下子就想到了名菜佳肴。

"什么清汤越鸡，皮蛋快搜索一下，为我们变出来一份！"小馋包白泽摇着我的胳膊，央求起来。

我打开浏览器，搜索了一张色香味俱全的美味图片，又简单看了一下文字介绍，然后充分发挥自己的想象力，在梦境中"做出"了一道美味佳肴。

"好吃，好吃！"白泽当仁不让地率先品尝起来。看着它狼吞虎咽的样子，我也忍不住尝了一块，果然肉质鲜嫩、味道清淡，与我平时常吃的烧鸡、烤鸡相比，别有一番风味。

白泽吃完，抹抹嘴开始科普起来："越鸡又叫萧山鸡，是中国八大名鸡之一，历史悠久，出身高贵……"

"等等，等等。"我质疑道，"什么叫出身高贵？鸡的出身也有高贵一说吗？"

"当然了，"白泽说，"你要知道，越鸡的祖先可都是经过精挑细选的王室观赏鸡。春秋时，越王特别喜欢斗鸡，就让人到民间搜寻优秀的鸡种，把既强壮又鲜艳的都带到宫中专门培养。过了好多代，才培养出了越鸡。据说有个特别喜欢斗鸡的越王，还给一只战无不胜的大公鸡封过官呢！"

看来这越鸡还真是"官宦之后"啊，难怪说它们出身高贵。

"我也知道个故事，是史书里记载的。"小弘历不甘示弱地也想表现一下。我

和白泽自然很配合地请他讲上一讲。

五代十国时，吴越国有个叫钱倧的君王，他和大臣关系不好，想要杀死当朝权臣。结果事情谋划不周，权臣提前发动政变，废掉了他的王位，另立他的弟弟钱俶为君。

钱倧被流放到越州，心中既苦闷又害怕，担心权臣继续追杀他，也担心弟弟猜忌他。这时，他看到了当地百姓养的越鸡，于是自己也建了一片大园子，散养了很多越鸡。自此以后，他每天与鸡为伴，悠哉游哉地过上了农家生活。

京城里那些忌惮钱倧的人，听说他每天赏鸡打发时光也就安心了。他的弟弟钱俶还专门下令优待他。钱倧在得到安抚、赏赐之后，亲手做了一道菜肴，让人献给钱俶，就是这清汤越鸡。最初的清汤越鸡，炖煮时只加少许盐和黄酒，不加其他作料，这也是钱倧在向别人表明自己心境淡泊，无欲无求。

"原来一道菜中，还有这样的典故。"我不由得啧啧称奇。

接下来，我们进入乡村旁的林地，找到了一群野生的越鸡，开始观察它们的生活习性。白泽把时间设置为清晨，朝阳刚刚露出辉光，越鸡就争先恐后地打鸣。白泽说，它们打鸣是有严格顺序的，地位高的先打鸣，地位低的后打鸣，绝不会混乱的。

"那它们怎么区分地位高低呢？"

白泽调到"吃饭"时间，鸡群一窝蜂地扑向灌木丛，寻找昆虫、植物的嫩叶和种子，也开始了激烈的争抢。如果有别的鸡靠近，母鸡就伸长脖子，使劲用喙去啄对方。公鸡则更加凶猛，跳起来用爪子互相攻击。

看来，这就是它们确定地位高低的方式了。

鸡毛和灰尘满天飞舞，我一边躲一边拍摄，心想：幸好我们人类不用这样区分身份了，要不我可打不过别人……

神奇秘语

斗鸡是我国一项传统民间娱乐活动，已经有2800多年的历史了。

一只优秀的斗鸡长什么样呢？它必须魁梧健壮，骨骼和肌肉发达，腿和翅膀强壮有力，爪子坚硬锋利，羽毛稀薄。经过人类的世代驯养，现在的越鸡体形肥大，可以长到九斤，因此也叫"九斤黄"。虽然它们依然勇猛好斗，但已不适合当斗鸡了。

洋 鸡

虽然《鸟谱》上的名字叫洋鸡，但这次我很确定，图上这家伙就是火鸡没错了。

火鸡原产于美国和墨西哥的温带、亚热带森林中，于是我们来到墨西哥的一处森林，寻找野生的火鸡种群。

白泽果然是通晓万物的神兽，不知什么时候居然也补充了外国的知识。它告诉我们，火鸡也叫"感恩鸡"，一些西方人在过感恩节的时候，都会吃火鸡。而且在美国，还形成了一个总统"赦免火鸡"的传统。

"火鸡为什么叫感恩鸡呢？其中一定有什么故事吧！"小弘历非常好奇。

白泽于是开始讲述起来。

有一年，有一批信仰清教的英国人为了躲避迫害，漂洋过海来到美洲。他们遭遇风浪，失去了所有的食物，登上北美大陆的时候，已经饥肠辘辘、疲惫不堪。这时，一群印第安人忽然出现在他们面前。

英国人都吓坏了，以为印第安人一定会将他们杀光。然而，出乎意料的是，对方并未表现出任何敌意，而是拿出食物救济他们，又帮助他们在新的土地上建立家园。这批英国人非常感激，也想进行回报。可是他们没有物资了，就去原野里抓了很多火鸡，将火鸡烤熟，宴请印第安人。

印第安人欣然接受，于是大家一起举行晚宴，围着篝火载歌载舞。后来，这些移民还将获救的那天定为感恩节，每到这天都要吃火鸡来纪念印第安人的恩情。于是，火鸡也就有了"感恩鸡"的称呼。

"原来火鸡还记载着人类相互帮助、和谐共处的事，看来它们也是一种很好的文化元素呢！"我和小弘历都觉得这个故事非常温馨。

"可惜后来的事情并不美好。"白泽叹了一口气，接着讲道，"西方的移民在美洲站稳脚跟之后，很快就忘记了印第安人的恩情。随着越来越多的移民到来，他们开始大肆侵犯印第安人的领地，对那些善良的印第安人进行驱逐、杀害。可以说在整个北美大陆上，西方人的移民史、扩张史，也是印第安人的血泪史……"

这个故事让人震惊又悲伤。看到我和小弘历都默默不语，白泽又笑着说："别想太多啦，我们还是赶快做任务吧。"

在一片水边的林地里，我们找到了一个野生的火鸡群。为了更好地了解火鸡，白泽搞了一个恶作剧——它把我们都变成了长翅膀、爪子的小火鸡。

我们成功地混进了火鸡群，居然听到了火鸡在七嘴八舌地聊天。

"我们得警惕些，尤其要防备可怕的人类！"

"千万不要被猎人发现，不然咱们都得被抓去吃掉。"

"人类可真坏，借着感恩的名义，到处捕杀我们。"

"咦，怎么有三个新来的家伙，好像不认识啊。"

火鸡聚拢过来，把我们团团围住，好奇地打量着。看着它们锋利的爪子，我生怕被发现是假的，便急中生智，大喊："不如我们来跳舞吧！"

火鸡果然转移了注意力，开开心心地跳起了舞。它们居然都是天生的舞蹈家，昂首挺胸，身上的羽毛像鳞片一样竖起，尾羽像孔雀开屏一样展开，翅膀下垂，一边发出欢快的咯咯声，一边踏着激情奔放的舞步。

趁着火鸡跳舞的时候，我赶紧拉着白泽和小弘历悄悄溜走了。

神奇秘语

考古发现，在2000多年前，墨西哥人就已经驯化了野生火鸡，在一个墨西哥古代文明遗址中还发现了火鸡形的陶哨。但是墨西哥人驯养火鸡并不是为了吃，而是用它们的骨头和羽毛制作一些装饰品和祭祀用品，甚至将火鸡当成祭品献给神灵。考古学家推测，最早将火鸡用于食用，或许是在贵族的宴会上当成一道珍贵的菜肴，或者是部落遭遇了食物短缺的危机。

野 鸡

下一个任务是野鸡，这种鸟并不罕见，而且名声似乎不怎么好。人们在形容很糟糕或者假的大学时就称"野鸡大学"。我一见到任务，就不屑地说："咱们怎么不去找些稀奇有趣的鸟儿，在这种丑鸟上花什么工夫？"

"大错特错！"白泽当即反驳，"野鸡可不丑，相反它们长得很漂亮，你不要先入为主地污蔑人家。"

我不服气，拿出手机准备查找图片。白泽说："纸上得来终觉浅，绝知此事要躬行。我们还是去现场看吧！"说着，场景就转换到了一处丘陵林地里。

这里林疏草盛，山坡平缓，点缀着一些不知名的野花，显得格外宁静、优美。小弘历立刻顺着山坡跑跑跳跳起来。我和白泽则开始寻找灌木丛，因为野鸡就喜欢

在里面搭窝。不一会儿，我们就听到了一阵清脆的喔喔声。顺着声音望去，我们看到一只昂首啼鸣的野鸡，它一点儿也不丑，身上披着五彩的羽毛，尾巴上有长长的尾羽。

"怎么样？"白泽说，"野鸡其实很漂亮的。"

"的确很漂亮，可为什么名声不好呢？"我更加迷惑了。

白泽解释道："其实最初野鸡的名声是很好的，在周朝的时候，它们象征人们对礼仪的敬仰。那时的典礼中，野鸡的羽毛是必不可少的装饰物，象征吉祥、美好和高贵。《诗经》中经常提到的翟，就是野鸡。人们将它绣在婚礼的衣服上，用以祈福；装饰在车子上，表示身份尊贵。春秋时，有个著名的大美女，是齐国的公主，叫齐姜。她出嫁的时候，穿的就是绣着翟的衣服。

"还有汉代赫赫有名的吕后，她的名字是'雉'——雉也是野鸡的别称。可见直到汉代，人们还觉得野鸡是美好而吉祥的鸟儿。只不过后来，人们觉得野鸡长得像凤凰，却又不是凤凰，就有了很多野鸡冒充凤凰或其他鸟类的说法。其实，这哪是野鸡的过错呢？对了，孔子还称赞过野鸡呢！"

"我知道这个故事！"小弘历不知道什么时候，来到我们身边，抢着说道，"孔

子和弟子外出，在山谷里看到几只野鸡。野鸡见人来了，展翅飞向天空，飞了一阵，又都停在一处。孔子发出一阵长长的叹息，弟子子路听到了，问：'老师啊，你在叹什么啊？'孔子说：'这些野鸡见到危险就飞起来，危险过去就停下来。它们真是明智啊，知道什么时候该离开，也知道哪里可以安身！'子路听了，对着野鸡拱手致意。野鸡又振振翅膀，飞走了。"

连孔子都佩服它们，野鸡原来也有这样的高光时刻吗？我不由得对它们肃然起敬。

就在这时，野鸡的叫声忽然急促起来，白泽听了，悄声说："有好戏看啦！"我们转过头去，只见两只雄野鸡不知什么时候已经对峙起来，它们紧盯着对方，一边发出低沉、急促的警告声，一边探头相互试探。紧接着，双方缠斗到一起，扑扇着翅膀，腾挪跳跃，用喙和爪子相互攻击。

我以为它们会像斗鸡那样，打得头破血流，可是，不一会儿战斗就结束了，双方几乎连羽毛都没掉——入侵的野鸡主动撤走了，得胜的也不追赶。看来它们还真的很明智呢！

神奇秘语

野鸡也叫山鸡。据说三国时期，有人向曹操进贡了一只羽毛华美、善于跳舞的山鸡，曹操很想看它的舞姿，但山鸡就是不跳，众人都一筹莫展。这时曹冲想出了一个主意：在山鸡面前摆放一面大铜镜。山鸡看见镜子里的自己，果然兴奋得翩翩起舞。这就是成语"山鸡舞镜"的由来，用山鸡对镜起舞来比喻自我欣赏。

红嘴天鹅

红嘴天鹅就是疣（yóu）鼻天鹅，浑身雪白，因为嘴是红色的，被古人称为"红嘴天鹅"，也被称为"游禽之王"。

红嘴天鹅是候鸟，9—10月飞往南方越冬，第二年2月返回北方。现在是5月，它们已经回到了北方。于是，我们故宫飞羽小分队决定前往它们在国内的主要繁殖地——新疆、青海、甘肃、内蒙古等地寻找。

在寻找过程中，小弘历听说我知道很多关于天鹅的故事，就央求着我给他讲述。我搜寻自己看过的童话书，给他讲了《十只天鹅》的故事，又介绍了希腊神话中宙斯变成天鹅的传说。小弘历听得津津有味，非得要我再讲一个。

我想了想，开始给他讲《丑小鸭》的故事。小弘历听了，喜欢得不得了，问："这故事写得可真好，你是在哪本书上看来的？"

我还未回答，白泽就吐槽起来，说："这算什么好故事，一点儿都不严谨。天鹅对后代非常重视，根本不可能把蛋生在鸭窝里！

"鸭蛋孵化只需要28天，天鹅蛋需要35～36天，这么长时间鸭妈妈都没觉得不对劲吗？太不合理了。

"它能变成天鹅，是因为它本来就是天鹅……"

一个故事而已，这家伙怎么这么大反应，弄得我和小弘历"两"脸迷糊，面面相觑。过了好一会儿，小弘历怯怯地问："那个，白泽啊！是不是有很多人说你是狗狗变来的……你小时候有没有像丑小鸭那样，到处流浪，被狗狗们欺负？"

"谁说我是狗狗变的？"白泽气得跳了起来，"我从小就和其他神兽生活在一起，从来没有流浪过……"

小弘历听了，对着我狡黠地一笑，就像发现了大秘密似的。白泽更生气了，立起尾巴，就要电人。我赶紧将小弘历拉过来，说："童言无忌嘛，我们小分队可不能闹内讧。"

这时恰好已经到了湖边，白泽放下尾巴，噘着嘴去找红嘴天鹅巢了。很快，我们就在湖畔的芦苇丛里发现了目标。

红嘴天鹅非常"霸道"，每对天鹅都会占据一大片水域，在芦苇丛或者水草丛里，用干芦苇和其他植物修筑一个圆形的巢。它们的巢非常大，最大的外径差不多有 2 米！而且几乎每年都要重新建造，只有少数天鹅喜欢用旧巢，但也会精心修补，"装修"一遍再入住。

筑好巢，就可以产卵了。红嘴天鹅每窝产卵 4 ～ 9 枚，妈妈负责孵化，爸爸负责在附近警戒。很快，天鹅爸爸发现了我们，立刻警惕地飞了起来，在经过巢穴上空时使劲扇动翅膀。

它在做什么呢？我好奇地飞起来跟了上去。

白泽说它这是在向天鹅妈妈报警。果然，天鹅妈妈迅速用芦苇将巢盖好，自己从一条隐蔽的通道离开了。

为了不影响它们孵蛋，我们停下来，躲进芦苇丛里。过了一会儿，天鹅们才警惕地回巢，妈妈继续孵蛋，爸爸继续警戒。

"为什么天鹅爸爸不用叫声向天鹅妈妈报警呢？"我好奇地问。

白泽回答道：“它们的视觉和听觉很发达，但是很少发出叫声，即使发出声音，也是沙哑低沉的哑哑声，所以也叫哑声天鹅。”

我想听听天鹅的叫声，准备走出去，白泽赶紧拦住我：“嘿，你可别看它们美丽优雅，就觉得好欺负。实际上天鹅的脾气火暴着呢，战斗力也很强，尤其是在繁殖期，触怒了它们可没好果子吃！”

我想了一下，还是算了！要是被一只天鹅教训了，那可是终身污点，肯定会被白泽和小弘历长期取笑的。我还是好好拍摄吧！

神奇秘语

无论是白天鹅还是黑天鹅，在它们小的时候，都是灰色的。此时它们还没有羽毛，只有一层灰色的松软的绒羽，就像是一件天然的"羽绒服"。天鹅宝宝出壳后，很快就能下水游泳，但是要120～150天后才能飞行。爸爸妈妈非常爱它们，如果小家伙们游累了，就会背着它们回家。两年后，天鹅宝宝的羽毛才会完全丰满，变成漂亮的天鹅！

白 鹅

"鹅不是到处都有吗？我爷爷以前也养过一只，这么常见还需要观察吗？"我感觉很不解。

"这么说你对鹅很了解了？那我来考考你。"白泽提了两个跟鹅有关的问题，"家禽都是由野生鸟类驯化而来，你知道鹅是哪种鸟驯化的吗？鹅是什么目什么科的？"

我震惊地发现，虽然这两个问题看似简单，但是我真的想都没想过，自然也回答不上来！于是，除了乖乖听从白泽的安排，我还能说什么呢？

我们来到乡村，在一个池塘里找到了一群鹅，它们正悠闲自在地在水中嬉戏、觅食，不时发出呱嘎、呱嘎的叫声。

看到这个画面，我脑子里立刻冒出了一首诗。还没来得及表现，小弘历就抢先读了起来："鹅鹅鹅，曲项向天歌，白毛浮绿水，红掌拨清波。"

这首诗我幼儿园的时候就会背了，但是现在才真正体会到了它的画面感有多强。听说骆宾王写这首诗的时候也才七岁，我七岁的时候连二百字的小作文都写不好呢！我沮丧地发现：看来自己不是天才，而且和天才的差距还不小呢……

白泽猜到了我的想法，笑嘻嘻地安慰："没事没事，咱们皮蛋虽然七岁的时候不会写诗，但已经会玩手机游戏了呢！"

他这么一说，我更加沮丧了。

小弘历倒是懂事了，看到我的窘状，赶紧转移话题："古代有一位大书法家特别喜欢鹅，你们知道他是谁吗？"

我想了一下，试探性地问："王羲之？"

"太棒了！你看，皮蛋哥哥连这都知道！"被比自己还小的孩子，用这么一种近乎浮夸的语气夸奖，我怎么感觉这么怪呢！

"皮蛋，你是不是只知道这一个古代书法家啊？"白泽不解风情地问。

"……"

　　我不想继续这个话题了，但白泽却不依不饶，非要给我们讲讲王羲之爱鹅的故事。没办法，谁让自己不知道呢，我只好洗耳恭听了。

　　相传，晋代大书法家王羲之特别喜欢鹅。有一天，他听说城外有个老婆婆养了一大群鹅，其中有一只大白鹅叫声特别嘹亮，就想花钱将其买下来。于是，他带着礼物，与朋友一同前去求访。

　　王羲之还未到，就有人将消息告诉了老婆婆。老婆婆一听，赫赫有名的大书法家居然要来买她的鹅，真是受宠若惊。她心想：这样的大人物，居然亲自来拜访。我怎么能吝惜一只鹅呢？于是立刻将鹅杀了，炖好肉等待王羲之来吃。

　　王羲之到了以后，问："鹅在哪里呀？"

　　老婆婆回答："听说您要来买鹅，我已经提前将其杀掉，给您炖好啦！"

　　王羲之听了大惊失色，回去以后，为此叹息了好几天。

　　"王羲之爱鹅，爱其可爱，可是老婆婆居然误以为他喜欢吃鹅肉，这真是令人啼笑皆非啊！"我听完了故事，感慨道，"看来喜爱和喜爱也是不一样的。"

　　这时天色已晚，鹅群上岸了，它们排着整齐的队伍，摇摇摆摆地准备回家。有一只鹅掉队了，它呱嘎、呱嘎地大叫着，似乎在喊："你们在哪儿啊？"

　　淘气的小弘历，忽然玩了个恶作剧，他模仿起了鹅的叫声。掉队的鹅听见声音，欢快地向我们跑来，可跑到一半时发现不对劲，惊慌地大叫起来。它的同伴们听见了，一窝蜂都来了，大叫着向我们冲来。

"快跑！鹅是会咬人的！"白泽大喊起来。

就这样，我们竟遭到了鹅群的追击，最后狼狈不堪地逃离了任务现场。

其实现代鹅的祖先是不一样的。它们虽然都属于雁形目鸭科，却是由不同品种的野雁驯化而来的。中国家鹅起源于鸿雁，体形较大，长着高高的额头。而欧洲家鹅则起源于灰雁，体形相对较小，头部也比较平。虽然起源不同，但它们具有相似点，相比鸡、鸭等，飞行能力较强，也更加野性不羁，具有很强的攻击性。

黄杓雁

　　"这个是黄什么雁？"我翻看《鸟谱》，却被上面的"杓"字难住了，只好向白泽虚心请教。

　　"不认识了吧！这是个多音字，念 sháo 的时候就是勺子，念 biāo 的时候指北斗星柄上的三颗星。在这里应该念 sháo。"

　　每天都能学到新知识，这个任务真是太棒了。我告诉白泽，我有一个想法，"回去以后，我打算以咱们的这两个任务为主题，设计一款游戏，又能玩又能学到很多知识，肯定很受欢迎。"

　　"设计游戏！真是好想法！"白泽听得两眼放光，恨不得立刻就能开始。

"不过为了游戏设计得更好，我们得更仔细地搜集资料，你负责记录资料，我负责寻找、定位、拍摄记录。"

"那我呢？我也得负责一些事情！"小弘历自告奋勇地说。

我搔着头，不知道该给他安排什么工作，这任务一完成，他就得回去，让他做点儿什么好呢？

想了半天，我说："算啦，你年龄这么小。好好观察动物，感受美景就行了。万一以后哪天你想给动物题诗时，别张冠李戴，尽写些出错的打油诗就行啦！"

"给动物题诗？皮蛋哥哥你可真有想法！没准我以后真的会这么做的。"小弘历一点儿也没听出我话语中的揶揄。也难怪，他怎么知道自己以后会变成"题诗狂魔"呢！

有了新的动力，我们干得都更加起劲儿了。白泽一会儿为我们科普黄杓雁的知识，一会儿给我们讲述关于大雁的历史故事。

黄杓雁主要分布于中国东北部、西伯利亚南部和蒙古国，秋季飞到朝鲜半岛和日本岛越冬。在两千多年前，它们曾在贝加尔湖畔，见证了中国一位英雄的壮举——也就是苏武牧羊的故事。

那时，汉朝和北方的匈奴交恶，作为使者的苏武被扣留在了匈奴境内。匈奴单

于非常想要降服他，用死亡威胁，用高官厚禄诱惑，但苏武忠于汉朝，坚决不从。匈奴人恼羞成怒，把他流放到了遥远的北海（贝加尔湖）边，给了他一群公羊，说："除非羊能生下小羊羔，否则你永远也别想回去！"

苏武就这样孤苦伶仃地居住在苦寒之地，他手握旌节，一年年望着大雁南飞，心中悲怆不可言表。十几年以后，汉朝和匈奴开始议和。汉朝要求匈奴释放扣押的使节，匈奴人谎称苏武已经去世了。

汉使知道苏武没死，就对单于说："我们的天子在上林苑中射猎，射到一只从北方飞来的大雁，大雁的腿上绑着一封书信，是苏武写的。"

匈奴人听了，非常惊讶，只好承认苏武没有死，让汉使将他接回国内。苏武被困十九年而不屈服，因此被尊为英雄。

这故事真让人热血沸腾！在我的坚持下，我们一起来到贝加尔湖畔，在这里寻找黄枹雁的繁殖地。此时正值黄枹雁的繁殖期，我们选定了一个雁巢进行观察。很快我就发现，黄枹雁的筑巢方式和生活习性都跟红嘴天鹅很相似，也是鸟妈妈负责孵蛋，鸟爸爸负责警戒。

值得一提的是，我拍摄到一个惊险情节。

一条黄鼠狼偷偷靠近雁巢试图入侵，负责警戒的雁爸爸假装翅膀受伤，仓皇逃跑。黄鼠狼果然上当了，拼命追赶雁爸爸。眼看雁巢安全了，雁爸爸振翅飞上了天空。黄鼠狼气坏了，只得悻悻离开。

我惊叹道："有勇有谋，雁爸爸真是太厉害了——没准这招是苏武教它们的呢！"

神奇秘语

鸿雁也称黄枹雁，是一种较为少见的雁，分布范围狭窄，种群规模也不大。但它在我国传统文化中占据着独特的地位，还被人圈养起来驯化成了家鹅。

根据鸿雁传书的故事加上鸿雁准时的迁徙习性，人们把鸿雁当成了传递书信的使者。这里有个有趣的小知识，中国邮政系统的Logo，就来源于鸿雁飞翔的形态。

绿头鸭

为了寻找绿头鸭，我们来到一个广阔的淡水湖。此时已是落日时分，只见远处落霞绚丽，水天相接，一群鸟儿在彩霞中飞翔。这幅画面宁静悠远，绚丽辽阔，让我心绪宁静又充满豪情，不由得想到了一句千古绝唱：落霞与孤鹜齐飞，秋水共长天一色。

《滕王阁序》这篇文章实在是太美了，很小的时候爷爷就教我背诵。不过，以前领悟到的美，只是在纸张上、想象中，远远没有看到现实景色这般震撼。如今站在洒满夕阳的湖畔，再去回味那些金句，真是心旌摇荡，热血沸腾。我想，一千年以前，王勃看到的就是这样的晚霞，胸中涌动的就是这种情绪——可惜我没有那样的文采，不然一定也当场吟诗一首！

我正神游不止，白泽忽然问道："你们知道鹜是什么吗？"

这个我在一个诗词节目里听过，是什么来着？我冥思苦想，大雁吗？好像不是。天鹅吗？似乎也不是。对了！"是野鸭！"我大声回答。

白泽给我点了个赞："没错，就是野鸭！野鸭是水鸟的典型代表，通常指的就是绿头鸭。我们现在就要寻找它们。"

"野鸭怎么分辨呀？"小弘历摇着头问，"它们长得和家鸭很像吗？"

"那是自然！"白泽回答，"野鸭无论外形和大小都跟家鸭很相似——因为家鸭就是从野鸭驯化来的。不过也不难区分，家鸭因为长期被驯养，身体相对更加肥胖，行动也笨拙；而野鸭体形匀称，行动灵敏，警惕性更高。我们不能太过接近，否则它们会立刻飞走。"

于是，我们悄悄地沿着湖畔寻找。白泽说，绿头鸭主要栖息在水生植物丰富的温带水域中，它们中的一部分属于留鸟，不会迁徙；而另一部分则是候鸟，天冷了

飞到南方，天热时，就到北方去避暑。

所以在南方地区，人们经常在春天来临，水温逐渐回升的时候，看到野鸭成群结队地在水里嬉戏觅食。有人认为，苏轼著名的诗句"竹外桃花三两枝，春江水暖鸭先知"里面的"鸭"，就是春天迁徙到南方的野鸭，而不是家鸭。

很快，我们在一个湖泊里找到了一大群野生绿头鸭。真的是一大群，放眼望去，湖面上星星点点全是它们，目测可能有几百只。它们有的在水里游动，有的在沙滩上休息，有的在湖心小岛上觅食。

我悄悄靠近一群看起来在睡觉的绿头鸭，正准备"偷拍"它们的睡姿，忽然发现它们全都睁着眼睛，直愣愣地看着我，吓得我差点儿转身就跑。

白泽赶紧拦住我，"别怕！野鸭胆小，不会主动攻击你。"

"它们怎么这么机敏呀！"

"因为它们的大脑可以像海豚那样，分成两部分轮流工作，这样它们就可以永远保持清醒。绿头鸭即便在休息的时候，也有'一半'在放哨——它们一只眼睛闭上，另一只眼睛睁开；一半大脑睡觉，另一半大脑值班。稍有风吹草动，它们就能立刻觉察……"

我仔细一看，还真是，它们的另一只眼睛都眯着呢，不由得感叹："在大自然中生存可真不容易啊！"

我们没有惊动它们，悄悄地完成拍摄记录，就一起离开了。

古代称科举考试为"科甲"，最高等级的殿试录取名单分为三甲，其中一甲头三名，就是状元、榜眼、探花。

金榜题名是所有读书人的终极梦想，在奔赴考场之前，亲友往往会送他们一些祝愿考中的吉祥礼物。"鸭"字与"甲"字读音接近，鸭纹图案就成了名列三甲的象征。于是，鸭子和带有鸭子元素的工艺品也就成了很受考生欢迎的礼品。

神奇秘语

鸳鸯

鸳鸯是一种美丽的鸟儿，雄性为鸳，雌性为鸯。雄鸟色彩斑斓，羽毛艳丽，是公认的最美鸭科动物。相比之下，雌鸟的颜色就很黯淡了，羽毛灰扑扑的，看上去更像是一只丑小鸭。

我们来到一个位于东北的鸳鸯繁殖地，在一个湖泊里找到了一群野生鸳鸯。此时正值繁殖期，雄性和雌性成双成对在水中悠闲地游泳、嬉戏、觅食。我选定了其中一对鸳鸯夫妻进行观察和拍摄。

我想靠近一点儿，但又担心会吓到它们，不由思忖：要是能隐身就好了。

脑子里刚冒出这个想法，我就发现自己变透明了！我真的隐身了！哇，这可真是太牛了，要是回到现实世界也能隐身就好了。

"皮蛋哥哥哪里去了？"小弘历发现我不见了，大声嚷嚷。

"嘘！不要吵，我在这儿。"我赶忙制止他。

"你，你，怎么隐身了？"

"不隐身怎么好观察鸳鸯呢！"

"我也要，我也要！"小家伙吵闹起来。看来貘在创造梦境时，没有给他像我一样多的特权。不过不要紧，我一挥手，手上就多了一件隐身披风。

"喏！你披上这个就能隐身啦！"

小弘历得偿所愿，开心得不得了。这时，白泽也不动声色地将自己变透明了。我们三个悄悄地溜进鸳鸯的领地，近距离观察它们。

鸳鸯都是成双成对的，它们在水边捉鱼捕虫，饱餐之后便拍拍翅膀飞起来，准备回家休息。我们跟上了一对鸳鸯夫妇，只见它们飞到附近的一棵大树上空，警惕

地侦察了一会儿，确认没有危险才降落到树枝上。然后一前一后，扭着身子走进一个树洞里。原来它们的巢穴是这样的，我还以为它们一直漂浮在水上休息呢！

"看它们同栖同宿，还挺恩爱呢，难怪被视为爱情之鸟。"我说。

"鸳鸯的确是爱情的象征。不过在古代人们也用它们来形容兄弟、朋友之间的感情。"小弘历补充道，"苏武被困在匈奴的时候，他的好友李陵多次去看望他。后来，苏武返回汉朝时，李陵前去送行，做了几首诗。其中有一句就是'昔为鸳与鸯，今为参与辰'。晋代时，嵇康送别自己的兄弟，也写诗说'鸳鸯于飞，肃肃其羽'……"

我心想：这小家伙，难怪能成为"题诗狂魔"，看来古诗学得的确不错。

但白泽却不屑地说："什么爱情之鸟，兄弟情谊呀！其实这都是你们人类的一厢情愿。鸳鸯这鸟，既不忠贞，也没义气，不信我们再好好观察一下。"

白泽将梦境的时间调快，不一会儿鸳鸯爸爸一个个飞了起来。我说："它们一定是为妻子找吃的去了！"

可是我发现自己错了——这些鸳鸯爸爸竟然一去不返！可怜的鸳鸯妈妈只能自己打扫巢穴，自己寻找吃的，自己产卵、孵化，照料出生的小鸳鸯。

"怎么样？"看完了整个过程，白泽摇着头说，"你们都称赞错啦！鸳鸯只在'恋爱'的季节才成双成对，交配之后，雄鸳鸯就会远走高飞，躲起来自己逍遥，将养育后代的任务全都交给雌鸳鸯。而且，有些雄鸳鸯还喜新厌旧，它们经常拆散别的鸳鸯，不久又将抢来的雌鸳鸯抛弃……"

"原来鸳鸯竟是这样的，"我忍不住气愤地说，"我得把这些都记下来，回去好好揭穿它们！"

神奇秘语

鸳鸯妈妈通常会选择长在水边、有树洞的高大树木，用木屑和自己身上的绒羽在树洞里筑巢。鸳鸯宝宝出壳后不久就要面对"鸟生"第一场重大考验——蹦极。它们要从离地面 10 ～ 18 米的巢中跳下去，展翅滑翔。如果蹦极成功，妈妈就会带着它们来到水中，学习游泳、潜水、捕食等生存技能。

油葫芦

  这次的任务目标的名字挺好玩儿，叫油葫芦，别名水葫芦，学名小䴙䴘。好家伙，三个字就有两个字我不认识。但这难不倒我，我很快就用网络字典找到了正确的读音：pì tī。

  水葫芦我倒是在一本科学书上读到过，不过那里介绍的明明是一种植物，也就是凤眼莲。它们原产于巴西，花很漂亮，最初作为观赏植物被引进中国。后来人们发现它们不仅能美化环境，还能净化水质，就大量种植。但问题很快出现了——这家伙长得太快，缺少天敌，很快就布满整个水域，挡住阳光，导致其他水中植物和动物因为缺少光照、氧气而大量死亡。人们为了消灭它们，没少花费力气呢！

  想到这儿，问题就来了。凤眼莲叫水葫芦是因为长着一个"大葫芦"，小䴙䴘

叫水葫芦又是为什么呢？人们怎么又将它们称为油葫芦？我询问白泽，白泽居然不回答，还故作高深地说什么"不愤不启，不悱不发"，让我自己去寻找答案。

自己找就自己找，我一马当先，来到东南沿海的一处淡水湖中，这儿就是野生油葫芦的栖息地。哈哈，一看之下我顿时笑了起来，名字果然形象，这些家伙浮在水面上，姿态优雅又慵懒，还真像一大群随波漂荡的葫芦——肥肥的身子，细长的脖子，脑袋酷似鸭子，只不过体形小了一些。

"它们还有一个俗名，叫王八鸭子。"白泽介绍说。

王八鸭子，真不好听。怎么叫这个？这次我没有提问，继续仔细观察。一会儿就明白了：原来，油葫芦非常善于潜水，它们经常嗖地一下扎进水中，过好半天才浮上来。浮上来之后，它们不急着冒出水面，而是只将嘴巴和眼睛露出来，警惕地打量四周，样子很像被人们称为"王八"的鳖。

我故技重施，又将自己隐身，然后靠近水边观察。油葫芦的羽毛虽然不像鸳鸯那么艳丽，但也蛮好看的，尾巴有点儿短，嘴巴细而尖，翅膀似乎也偏小一些。

白泽说："它们长成这样，就是为了潜水的。所以不善于飞翔和行走。"

我听了，偷偷拿起一块小石头，对着油葫芦群扔了过去。鸟群受到惊吓，大部分一头扎入水中，但也有几只慌忙逃到了岸上。果然，它们走在岸上，摇摇晃晃的，比鸭子还不稳。

"皮蛋，你怎么乱扔石头！"白泽不高兴地说，"我们只能在旁悄悄记录，而不能主动干扰……"

"知道啦！"自知理亏的我，连忙道歉，"下不为例，下不为例……"

"对了，小鸊鷉长得像葫芦，可为什么叫'油葫芦'呢？"小弘历一直沉默，原来还在纠结这个问题呢。不过，似乎我也不知道这个"油"字的来历。

"唉！这就又要说到你们人类的劣根性——贪婪和自私了。"白泽叹息着说，"这么可爱的鸟儿，就是因为长得胖，油脂多，就被肆意杀戮。人类还把它们的油脂提炼出来，抹到刀剑上，说对防止刀剑生锈有特别的功效……"

我用手机一查，果然找到了这样的话：（鸊鷉）野凫也。甚小，好没水中。膏可以莹刀剑。我不由得感叹："对小鸊鷉来说，这'特征'真是太可怕了！"

神奇秘语

小鸊鷉不太会飞，因此也被称为水中的鸡子。遇到危险和惊吓时，它们会跃出水面，张开翅膀，在水面上快速踏水奔跑，使劲扇动翅膀，贴着水面飞行一段距离。它们爪子的位置比较靠近尾部，一旦来到岸上，走起路来就摇摇摆摆的，像人类的小婴儿学走路似的，别提有多可爱了。

下一个任务是"鹳"。我觉得这个字挺眼熟的，正回忆在哪儿见过时，就听小弘历大声朗诵道："白日依山尽，黄河入海流。欲穷千里目，更上一层楼。"

我脱口而出："登鹳雀楼！"

对啊，可不就是鹳雀楼的"鹳"字嘛！我懊恼地拍了拍脑袋，在心里默默对语文老师说了声对不起，好奇地问："这个鹳跟鹳雀是亲戚吗？"

白泽回答："鹳就是鹳雀，也叫白鹳，分为东方白鹳和欧洲白鹳，它们的外表很相似，但是东方白鹳体形要大一点。东方白鹳的嘴是黑色，而欧洲白鹳的嘴是红色。"

我和小弘历赶紧去看《鸟谱》里面鹳的画像，嘴是黑色的，于是我们异口同声地大喊："这是东方白鹳！"

小弘历恍然大悟："西晋时，大文学家陆机曾经提到过一种红嘴的鹳，原来就是欧洲白鹳啊！"

"是啊。白鹳在欧洲可受欢迎了，那里的人发现，白鹳来到谁家，这家人很可能就会喜得麟儿，于是他们称白鹳为送子鸟。为了让白鹳光顾自己家，人们会特地在屋顶的烟囱上修建一个平台，方便白鹳筑巢。"白泽嘿嘿一笑，"你们知道为什么白鹳能带来宝宝吗？"

我和小弘历茫然地摇头。

"如果家里有孕妇，烧火取暖的时间会比别人家长，烟囱也比别人家暖和，白鹳当然就会选择在那里安营扎寨了！"

"原来是这样啊！"小弘历说，"鹳和白鹤长得倒是挺像的，它们之间有什么关系吗？"

"鹳和白鹤，它们的外表的确神似，很多画家都分不清呢。有些绘画作品，将白鹤画得立于松树枝头上，而现实中，真正的鹤后趾极短，根本不能立上枝头。倒是外表类似的鹳和白鹭等能够做到。再者，鹳和白鹤的尾巴也不一样，白鹤尾羽修长，像个大氅一样覆盖着身子；而鹳的尾羽则要逊色得多。最后，鹳和白鹤的叫声也不同，鹳大部分是不会发声的，它们遇到危险，就通过上下喙的急速拍打，发出一种嗒嗒嗒的响声来示警；而白鹤的鸣叫声特别明亮，《诗经》中就有'鹤鸣九皋，声闻于野'。"

白泽介绍完了二者的区别，又说："不过，它们的确经常在同样的环境中生活，而且彼此之间相处得非常亲密。俄国的一个大作家，不是还写过关于鹳和鹤的寓言吗？"

我上网一搜，果然有一篇托尔斯泰的文章，叫作《农夫与鹳》。

农夫为了捉住糟蹋庄稼的鹤，设置了很多陷阱。过了几天去检查时，发现陷阱里抓住了好几只鹤和一只鹳。鹳哀求农夫放过自己，说："你不应该杀了我，因为我是鹳，不是鹤。你仔细看我的羽毛，就知道我和鹤不同了。我是最诚实的鸟，从不祸害庄稼。"

然而，农夫却说："你究竟是什么，对我来说并不重要。我在网中抓住了你，你就得和毁了这些庄稼的鹤一起倒霉了。"

这个寓言还挺有意思的，它告诉人们，交友一定要谨慎，总和做坏事的人待在一起，早晚要受到牵连。

听完寓言，白泽仔细打量着我，问："皮蛋，你做没做过坏事呀？我得好好了解一下，以免将来受到牵连！"

"你长得又不像我，人们不会弄混的——你长得像狗狗。"我这话一出口，白泽的小尾巴就立了起来，看来得赶紧溜之大吉，不然要挨电啦！

神奇秘语

东方白鹳脾气比较暴躁，攻击力较强，喜欢远离人类。欧洲白鹳脾气比较温和，攻击力较弱，喜欢栖息在人类居住的地方。由于环境污染、气候恶化、人类捕杀、湿地减少等原因，东方白鹳已经成为濒危动物。幸运的是，在动物保护者的努力下，东方白鹳又渐渐地多了起来。

鹮鹅

接下来的任务目标是鹮鹅，又遇到了不认识的字，于是我试探地小声念道："然……鹅？"

白泽惊讶地说："行啊，皮蛋，你居然又蒙对了。"

哈哈！我高兴得差点儿跳起来，但脸上却是一副风轻云淡的表情："还好啦，只是偶然在电视里看到过。"

白泽问："那你知道它的学名是什么吗？"

我不知道，但这难不倒机智的我。根据鹮鹅的画像，我判断它应该是一种鹤。于是继续云淡风轻地说："不就是鹤嘛。故人西辞黄鹤楼，烟花三月下扬州……"

"它的确是鹤的一种，但你选的诗不对。"白泽毫不留情地批评道，"诗句里是黄鹤，而鹮鹅是白鹤。诗句里的黄鹤楼，是江南三大名楼之一，被称为天下江山第一楼……"

看来我又错了，我不该在一只以"通晓世间万物"著称的神兽面前不懂装懂。为了将功补过，我赶紧查找资料临时抱佛脚般地恶补知识。

鹮鹅，学名白鹤，主要分布在俄罗斯和西伯利亚，冬天会迁徙到我国境内的鄱阳湖和长江流域越冬，喜欢栖息在有大面积淡水、视野开阔的地方。鹮鹅是典型的涉禽，体形略小于丹顶鹤，大于白鹭。成年白鹤站立时，除了脚、前额和嘴巴呈现红色，通体基本白色。它们常常成双成对活动，偶尔整个大家族聚集在一起。

白泽"掐爪一算"，确定地说："这个时间，鹮鹅应该在迁徙途中，我们可以去内蒙古大草原上寻找它们。"

于是，我们来到大草原上，在一处沼泽地中，看到了鹮鹅的踪影，真是幸运！

这群鹔鹅是成群迁徙的，整个群体共有上百只之多。白泽说："现在这种环境条件，能遇到这么大的鹔鹅群体，已经非常不容易啦！"

我们降落下去，鹔鹅正悠闲地在水泽中走来走去，看到我们居然也不惊慌。看来它们还未到产卵、保护幼鸟的时节，所以警惕性、攻击性都不是太强。这样观察起来就方便多了。

忽然，小弘历指着一只腾飞的鹔鹅问："咦？它们不是叫白鹤吗，怎么还有黑色的羽毛？"

白泽回答道："那是它的飞羽。鹔鹅有三级飞羽，其中初级飞羽是黑色的，只有飞翔的时候才能看到。黑色飞羽像是白色外套袖口镶嵌的黑色花边，所以它还有个名字叫黑袖鹤，是不是很有武侠片的感觉。"

我想，我知道白泽最近在看什么类型的电视剧了。

随后我又发现了一个问题：《鸟谱》里的鹔鹅画像，嘴是黑色的。但网络上的白鹤照片，嘴是暗红色的。这是个很明显的错误，我立刻记录下来。

白鹤身姿优美，气质高雅，自古以来就很受人类喜爱，跟白鹤有关的故事也不少，我知道的就有好几个：闲云野鹤、梅妻鹤子、爱鹤失众、煮鹤焚琴、鹤立鸡群、风声鹤唳……

其中有因为喜欢鹤成为千古美谈的——梅妻鹤子的林逋，也有因为喜欢鹤遗臭万年的——给白鹤加官晋爵引发众怒，导致众叛亲离，死于敌人之手的卫懿公。

无论在什么故事里，白鹤都是高洁优雅的，简直就是自带仙气滤镜。

神奇秘语

鹔鹅还是天生的舞蹈家。在追求配偶时，雄鹤会用舞蹈来吸引雌性的注意，舞姿十分优美灵动。在广东省珠海市三灶镇，有一项延续了七百多年的习俗——三灶鹤舞。每年的大年初一到正月十五，鹤舞艺人要表演欢快祥和的鹤舞和鹤歌，祝福人们身体健康，祈祷国家风调雨顺、国泰民安。

鹲鹳

鹲鹳，又是我不认识的字，但是决不能表现出来，否则要被白泽和小弘历小瞧了。我不动声色地说："这不是'tū qiū'嘛，现在它们可不好找啊！"

小弘历听了，一脸崇拜："皮蛋哥哥，这么生僻的字你都认得，真是了不起！"

"这有什么厉害的，这些都是形声字，读对了声旁而已。这次运气好，猜对了，下次读音有变的时候，就要出洋相啦！"白泽一脸不屑地说。

这家伙居然直接揭穿了我的小伎俩，好没面子。不过仔细想想，它说得也对，学知识哪能一味投机取巧？要是哪次再这么办，到了课堂上，当着众多老师、同学的面子，忽然读错了，那多尴尬。看来，我回去以后还是得好好识字，踏踏实实地读书。

"就是嘛！知之为知之，不知为不知，孺子可教也！"白泽居然装出一副老学究的样子，用小爪子拍着我的头，教训起来。

我假装不搭理它，开始阅读鹲鹳的资料。

鹲鹳，学名秃鹳，身高约 1.2 米，体重约 10 千克，个子高大，有点儿笨重。它的脑袋和脖子上的羽毛有点儿像哺乳动物的毛发，但是又短又稀，大片皮肤都露在外面，像是秃了似的，于是我明白了它为什么会叫"鹲鹳"。

鹲鹳主要栖息在热带和亚热带的山地和平原，尤其喜欢多沼泽的森林地带、多草的湿地、海岸的红树林。但是白泽告诉我一个坏消息："由于生存环境被破坏，人类的非法狩猎，鹲鹳的数量急剧减少，在我国境内可能已经灭绝，我们只能去别的国家寻找。"

这可真是令人悲伤的讯息，看来只好去国外寻找了。我们找了很久，才在印度尼西亚的一处海边红树林里找到了一个鹲鹳群。它们三三两两，在水中慢慢行走，寻找食物。

　　它们的巢在附近的树上，主要材料是枯树枝，里面垫了一些小树枝和绿叶，看上去有点儿简陋，像一个个巨大的盘子挂在树上。我目测了一下，觉得我不仅可以躺进去，还能伸懒腰。

　　我有点儿纳闷儿，看起来这么威风的鹮鹳，为什么会濒临灭绝呢？人类为什么要捕杀它们呢？

　　白泽说："鹮鹳长得不好看，还喜欢吃腐肉，在古代被称为不祥之鸟，尤其是曹操一家遇到的怪事，让帝王对它既害怕又厌恶。到了唐朝，唐昭宗甚至下令用鹮鹳代替赋税。有了这样的命令，鹮鹳几乎是被全民捕杀，当然在劫难逃了。"

　　"曹操一家遇到了什么怪事，让帝王都这么害怕？"我好奇地问。

　　"据史书记载，公元218年，邺城的皇宫飞来了一群不速之客，第二年曹操就死了。公元222年，这群不速之客又出现在洛阳芳林园的池塘边，四年后曹丕

也死了。公元239年，这群不速之客又出现了，就在这一年，曹丕的儿子曹叡也死了。从此，它们就成了象征死亡的不祥之鸟。"

我有点儿疑惑："但那个时候本来就是乱世，战乱频繁，民不聊生，鹗鸶本来就是食腐动物，经常出现在人类聚居地也很正常啊，这不能怪鹗鸶吧？"

白泽说："人类见到未知事物，最先出现的感觉就是恐惧，接着就是怨恨和愤怒。被污蔑、冤枉的动物还少吗？"

"是啊！"我感慨道，"人类要想和大自然和谐相处，不仅需要科学，更需要'以善度人'的心！"

一般的鸟类到了秋天才会换毛，那时它们的羽毛会变得稀疏。而鹗鸶脑袋和脖子上一年四季都光秃秃的，所以人们就创造了一个"秋加鸟"的字来为其命名。

在古代，鹗鸶被认为是贪婪好吃的鸟，但实际上，它不仅是自然界的"清道夫"，还喜欢吃蝗虫，对消灭蝗灾有不小的贡献呢！

江 鸥

　　江鸥的学名是红嘴鸥，我立刻想到，每年的 11 月，都会在新闻里看到上万只红嘴鸥从蒙古国、俄罗斯和我国新疆不远千里来到昆明越冬的消息。于是我对白泽说："我们去 11 月份的昆明寻找江鸥吧。"

　　夜里的滇池格外优美，微风吹拂着岸边的细草，一艘小船孤独地漂泊在湖中。远处，明亮的星星低垂在天边，平坦的原野异常广阔。月光随着波浪，跟着大江东流而去。江鸥们漂浮在湖面上，安静地休息。

　　这样的美景，让我想到了杜甫的诗句："细草微风岸，危樯独夜舟。星垂平野阔，月涌大江流。名岂文章著，官应老病休。飘飘何所似，天地一沙鸥。"

　　"这首诗很应景啊，江鸥就是沙鸥。"白泽说。

　　"真的吗？"我又惊又喜，"没想到我随口念一首诗都能跟任务有关。"

　　白泽鼓励我："所以学好诗词是很有必要的，加油，你可以的。"

　　"那江鸥和海鸥有什么区别呀？"小弘历好奇地问。

　　"这个嘛，"白泽说，"其实并没有本质上的区别。李时珍在《本草纲目》中就认为，它们都是'鸥'，只不过有的生活在江边，有的生活在海边。因为居住地的不同，就有了不同的名字。有些地方，因为口音的缘故，人们也将江鸥称为'江鹅'。江鸥喜欢栖息在水边的岩石或者沙洲上，所以人们也叫它们'沙鸥'。江鸥飞翔起来姿势特别优雅，这让那些身不由己、落魄潦倒的文人墨客特别羡慕，他们又称江鸥为'闲客'。其实啊，江鸥一点儿都不闲，人家飞来飞去都是忙着觅食呢……"

　　"等等，"我举手提问，打断了白泽的话，"好像白鹇也叫闲客？你会不会记错了？"

"我怎么会记错呢！"白泽撇着小嘴说，"那些文人墨客，就喜欢到处取雅号，但动物、植物那么多，他们怎么取得过来呢？雅称不够用了，就将画风类似的冠上相同的名字，所以江鸥是闲客，白鹇也是闲客。哈哈哈，有意思不？"

机智的我立刻举一反三："我懂了，大概就像我们说的'小仙女''小王子'吧！"

然后我从白泽和小弘历的眼神里读出了同一句话：没文化，真可怕，就连形容词都少得可怜。

好吧！知耻而后勇，我发誓回去以后一定要多读书，决不让他们再有嘲笑我的机会。

白泽继续介绍。

江鸥长得很像鸽子，但体形比鸽子大。身体大部分羽毛是白色，尾羽是黑色，嘴和脚都是红色。它的脚还会变色呢，平常是红色，冬天会变成橙黄色，是不是很特别？江鸥的主要食物是鱼、虾、昆虫、水生植物、一些小型动物的尸体，以及人类丢弃的食物残渣。

"所以……这么优雅的闲客，其实也属于食腐动物？"我有点儿不能接受。

白泽反驳我："食腐动物怎么了？所谓优雅闲适，都是人类强加给它们的。然而动物的世界只需要生存，不需要优雅。"

白泽说得对，这些"光环"都是我们人类强加给它们的，其实它们并不需要。它们需要的，是生存和自由。

神奇秘语

　　每年冬天，都会有4万多只红嘴鸥，从寒冷的西伯利亚迁徙到温暖的昆明过冬，这已经成了春城昆明最独特、最美丽的一道风景线。到了次年3月的时候，这群可爱的鸟儿又会启程北上，返回遥远的北方进行繁殖。

海 鸥

　　"我还没见过大海呢！咱们一起去海边吧！"在制订下一个任务时，小弘历吵吵嚷嚷地说。于是我们翻开《鸟谱》，选择了海鸥作为任务目标。为了能更好地体验大海的精彩，我和白泽查找了很多资料，齐心合力用意念制造出了一艘现代游艇。

　　小弘历哪见过这么先进的东西，兴奋得眼睛都在发光，像一只好奇的小老鼠一样冲上游艇，摸摸这儿，摸摸那儿。我虽然也是第一次登上游艇，也很想到处探索一下，但为了保持大孩子的体面，还是努力矜持着。为了转移注意力，我搜索出一张穿着短袖短裤的现代小男孩照片，问小弘历想不想穿。

　　看着照片上露出小胳膊小腿的男孩，小弘历犹豫地问："这样的衣服，会不会太不庄重了啊？"

　　"不会啦，我们那里的孩子都这么穿的。"我指着自己的短袖短裤，"我也是这么穿的，你有没有觉得我不庄重？"

　　"没有。"小弘历使劲摇头，不好意思地笑了笑，"我觉得很好看，又轻便又凉快，不像我的衣服，好热啊。"

　　于是，他不再纠结庄重不庄重的问题，换上新衣服，戴上棒球帽和太阳镜，快快乐乐地当起了小水手。

　　小水手躺在甲板的沙滩椅上，吹着海风，吃着薯片，喝着冰可乐，等待海鸥的到来，可惬意了。等了好一会儿，也没看见海鸥的踪影，小家伙不耐烦了，又跑进驾驶室体验当船长的乐趣。等他回到甲板的时候，傻眼了——薯片不见了，可乐也被打翻了。"谁干的？"小弘历生气地大喊。

　　我和白泽都在游泳，听见声音后赶紧回到船上。得知事情的原委，我哈哈大笑：

"这还用说嘛，肯定是海鸥干的，它们可喜欢偷东西了。"

"原来海鸥是种贼鸟呀！"

"也不能这么说！"白泽解释道，"海鸥很聪明，它们对人类的物品非常有兴趣，尤其是食物。所以才趁人类不备，顺手牵羊。甚至有海鸥偷走了游客的相机，还拍出了很棒的照片呢！"

"什么？海鸥居然会使用相机拍摄照片？"我惊讶地问，这也太难以置信了。

"也不是啦！海鸥不会使用相机，只不过碰巧碰到了按钮，拍下了照片而已。"

原来是这样。小弘历眼珠子一转，又拿了几袋薯片放在甲板上，然后拉着我和白泽躲进船舱里。

没几分钟，几只海鸥就光临了我们的游艇。它们观察了一下四周，确定没有危险，飞快地用嘴衔住薯片袋子，拍拍翅膀飞走了。

我们发现，海鸥偷走的都是一种口味的薯片，不由得面面相觑："这是为什么呢？难道它们知道哪种薯片好吃？"

为了弄清真相，我们用不同品牌的薯片反复进行实验，最后得出结论：原来，海鸥并不能区分不同薯片的口味，它们只是对人类刚刚吃过的食物更有兴趣。刚刚它们之所以都选择那个口味，是因为小弘历最初放在甲板上的就是那种。如果它们会说话，大概会说："人类刚刚吃的就是这种，这个肯定是最好吃的！"

好吧！海鸥的确是种聪明的鸟儿，它们懂得观察人类，还懂得区分不同的薯片包装；但它们也不是特别聪明，因为它们不知道自己去尝试一下没有尝试过的东西。

神奇秘语

海鸥是最常见的海鸟，它们的食物范围很广，除了鱼、虾、蟹、贝等水生动物，还喜欢吃人类扔掉的食物，被称为"海港清洁工"。海鸥也是海上航行的"安全预报员"。它们喜欢聚集在浅滩和暗礁附近，经验丰富的船员看见海鸥群体，知道附近有礁石，就能避开危险。

建华鸭

"既然来到海边，我们就再去完成一个任务吧！"和海鸥互动之后，白泽说，"《鸟谱》里有很多鸟类，都是生活在海边的，比如建华鸭。这种鸟儿你们以前听说过吗？"

小弘历诚实地摇了摇头。

我则大大咧咧地说："不就是生活在海边的鸭子吗？我虽然没见过，但吃过海鸭蛋。海鸭蛋比普通的咸鸭蛋个头儿更大，味道更鲜美，而且蛋黄占的比例更大一些……"

"够了，够了！"白泽皱着眉头说，"把我说得都要流口水了，但是一点儿也不搭边，简直是张冠李戴，指鹿为马！"

"难道建华鸭不是鸭子？"我一听自己弄错了，窘得脸都红了。

"不是，不是！建华鸭怎么会是鸭子呢！实际上，它们是一种燕鸥，有个好听的学名——粉红燕鸥。"

我搜出照片一看，果然，建华鸭和鸭子除了都长着两只脚、一个脑袋，几乎没啥相似的地方。它们的嘴巴是尖尖的，尾巴是翘翘的，头上有一片黑色的羽毛，就像戴着黑色帽子、眼罩的佐罗一般精神。

"这种小鸟看起来还蛮可爱的，但没见它们有粉红色的羽毛呀，为什么要叫'粉红燕鸥'呢？"小弘历不解地问。

"这就要你们亲自到现场去看啦！"白泽说着，驾驶游艇朝大海深处飞驰而去。

很快，我们就到了一片岛屿附近，白泽说这是琉球群岛，粉红燕鸥的家园。我仰头望过去，果然在布满礁石的海滩上，有很多粉红燕鸥在嬉戏、翱翔。它们的姿态可真优美，扇动着翅膀在海浪间滑过，有时一头猛扎入水中，然后带着水珠腾空

飞起，嘴里叼着抓获的小鱼；飞累了的鸟儿，就站立在海边高大的礁石上，灵活的小脖子扭来扭去，一刻不停地打量周边的动静；还有一些，径直飞到附近的草丛中，消失在那里。

我感到很好奇，它们去草丛里干什么呢？于是，我隐身上岸，悄悄地靠近草丛观察。噢，原来这些小燕鸥，是在草丛里筑巢。那些巢看起来很简陋，就是在地上找个现成的坑，然后用海藻和枯枝、落叶装饰一下。

可是，我还是不知道它们为什么叫粉红燕鸥，只好再次"不耻下问"。白泽没有再卖关子，告诉我们说："这种鸟儿之所以叫粉红燕鸥，是因为每到繁殖季节，它们胸口的细毛就会变成粉红色。我们来得有点儿早，它们还没开始繁殖……"

好吧！我找了一块大礁石，坐到上面，一边晒着温和的阳光，一边听粉红燕鸥叽叽喳喳地叫。这种感觉真是舒服极了。

"其实粉红燕鸥还当过官呢！"白泽凑过来，补充道，"隋朝时，有个宦官献给皇帝二十四只粉红燕鸥，羽毛的颜色像芙蓉花一样美丽，皇帝非常喜欢，给它们封了个三品官职，碧海舍人。从此，人们也叫它们芙蓉鸥。"

"芙蓉鸥。"这个名字可真好，我不禁感叹，"名字真的很重要，你看建华鸭，一下就让人想到扭来扭去，声音嘶哑的鸭子；而粉红燕鸥，就成了海边漂亮的小鸟；到了芙蓉鸥，又进阶成了海上的精灵。"

白泽哈哈大笑："名字的确很重要，但也有例外。比如说你大名叫皮澹，小名叫皮蛋，听起来都一样，没什么不同……"

神奇秘语

古代有个人很喜欢海鸥，每天都到海边与它们为伴，成了海鸥的好朋友。海鸥围绕着他盘旋，甚至站在他的头上或者肩上，人和鸟都非常开心。

他的父亲听说了这件事，兴致勃勃地让儿子给他抓几只海鸥回来玩。这位鸥鸟之友虽然很不愿意，但也不敢违背父亲的意愿，打算趁海鸥不备，抓几只回来满足父亲的要求。然而，海鸥纷纷远离他，再也不肯落下来了。

白鹭

  继续前进！下一个目标，白鹭。这种鸟我早就听说过，来自杜甫的诗句：两个黄鹂鸣翠柳，一行白鹭上青天。

  这也是我最喜欢的古诗之一——那种一行白鸟，飞翔着冲上云端的画面感简直太强了。但是，小弘历和白泽却笑我孤陋寡闻，他们一连举出了好几个与白鹭有关的诗词。什么"何故水边双白鹭，无愁头上亦垂丝"，什么"西塞山前白鹭飞，桃花流水鳜鱼肥"，什么"漠漠水田飞白鹭，阴阴夏木啭黄鹂"……

  好吧，白鹭还真是诗词中的常客，我顿时觉得自己很没文化，简直丢了现代人的脸。于是我第 N 次下定决心：回去以后，一定要多读书。

在回去之前，我得多查些资料：白鹭也叫鹭鸶，属于涉禽，也就是生活在水边湿地的鸟类。它们喜欢在湖泊、水塘、溪流、稻田和沼泽地带，成群或成对栖息。有的白鹭群体非常大，能达到几十只。白鹭非常漂亮，是鸟类中有名的大长腿，它们修长的身材，配上细长的嘴，雪白的羽毛，远远看去，就像水边亭亭玉立的模特一般。

对了，还有个关于白鹭的民间传说。

相传，很久以前，海边有个小岛。岛上气候温和，风景优美，人们过着宁静而幸福的生活。忽然有一天，一阵飓风过后，很多毒蛇降落在岛上，开始到处扩散。这些毒蛇非常可怕，它们碰触到的草木都会枯死，它们栖息过的水井都会遭到污染，人们喝了被污染的井里的水就会生病。整个岛很快变得毒气弥漫，一片萧条、破败——大多数居民病倒了，其他的人也纷纷逃离。

就在这时，一群白鹭从海上飞来。它们降落在岛上，到处搜捕、啄食毒蛇。没

几天，就将毒蛇全都消灭干净了。不仅如此，这些白鹭还从远处衔来不知名的灵草，将其丢入被污染的水井中，使浑浊、有毒的井水，重新变得澄清起来。

岛屿恢复了原来的样子，人们的病也都好了，重新过上了幸福的生活。为了感激这些白鹭，岛上的居民就将岛屿改名为"鹭岛"——也就是今天的厦门。

哇！原来白鹭还是懂得救人的灵鸟，难怪人们这么喜欢它们，在诗词里不断歌颂它们。"快去看真正的白鹭吧！"我和小弘历一起请求。

白泽带着我们来到一处白鹭栖息的沼泽中。现实中的白鹭，比想象中的还好看，还优雅。它们在浅水中踱来踱去，时不时低头用长嘴、长脖子啄食水里的小鱼、小虾。还有些白鹭更聪明，它们静静地站在水中，一动也不动，就像是塑像一般，等到水里的猎物接近，它们就忽然出击，一击而中。

"原来它们不仅会四面出击，还会'守株待兔'啊！"小弘历兴奋地说。

白鹭似乎听到了我们说话，立刻机警地站立起来，转着长脖子四处瞧看。多亏我们早就隐身了，这才没被发现。

"白鹭好像很怕人？"我小声问。

"白鹭的羽毛太漂亮。进入繁殖期，它们会长出漂亮的装饰性婚羽，其中有一种小白鹭——小白鹭是白鹭属的一个种类，不是指白鹭的宝宝哦——头上还会长出长长的羽冠，像两条小辫儿，非常可爱。但这也成了悲剧的来源，有些贪婪的人类，为了得到这些羽毛，就来猎杀白鹭。"

又是贪婪的罪过！

在中国古代，白鹭可是书生的吉祥物呢。书生都希望自己在科举考试中屡考屡中，金榜题名，由此产生了一种新的吉祥图案——一只鹭鸶和莲花。"鹭"与路同音，"莲"与连同音，合起来就是"一路连科"，意在祝福考生连中三元。

淘 河

　　"水流鹅，莫淘河。我鱼少，尔鱼多。竹弓欲射汝，奈汝会逃何……"白泽居然唱起了歌，这可把我吓了一大跳。要知道，作为一只通晓世间万物的神兽，白泽什么都会，就是不会唱歌。

　　"你唱的是什么歌？"我好奇地问。

　　"儿歌。"说完，白泽继续哼哼它的"儿歌"。

　　我哈哈大笑，"你竟然会唱儿歌？这也太神奇了。不过这儿歌调子和歌词都怪怪的，到底是什么意思啊？"

　　"少见多怪！"白泽奶声奶气地说，"这是一首古代的儿歌，流传于岭南，也就是今天的广东一带。歌里的水流鹅和淘河指的是同一种鸟儿，就是我们这次的任务目标，它的学名叫作白鹈鹕（tí hú）。"

　　鹈鹕我听过，有个球队的名字就叫这个，不过这《鸟谱》中的白鹈鹕，不知道和外国的鹈鹕是不是一类。我拿出手机，查阅相关资料。

　　原来，所有的鹈鹕都是亲戚，长相差不太多。它们的个子都很大，成年鹈鹕能长到 1.5 米以上，翼展更是达到了 3 米。它们最明显的特征就是嘴大，宽宽的大嘴长达 30 厘米。

　　这么大的嘴有什么用呢？我们忍不住要去淘河栖息地好好查探一番，于是来到新疆的一处湖泊边，那里正有一群野生淘河在悠闲地浮水、捕鱼。

　　淘河的捕鱼技巧可真是超乎想象！它们可不逞匹夫之勇，而是一大群联合行动的。我看到，一群淘河在水面上分散开来，围成一个大半圆——另一侧是河岸。接着它们奋力用翅膀扑打水面，发出令鱼儿惊恐的声音，将鱼群全都赶向包围圈内。

淘河不断缩小包围圈，等看到水中鱼的密度足够的时候，就张开大嘴，浮水前进，这下连鱼带水都成了它们的囊中物！

"稀奇，真是稀奇！"小弘历忍不住赞叹，"这些鸟儿简直就是在排兵布阵，连我们皇家外出射猎也不过如此。"

淘河捉完了鱼，一个个屁股朝上露出水面。"这是干什么？"我又不明白了。

白泽说："现在它们的嘴巴里装满了水，得用这个姿势将水排出去，然后再收缩喉囊将鱼吞到肚子里，才能起飞。"

就在淘河吐水的这会儿，一群海鸥飞了过来，在河面上不断盘旋。"哈！强盗来啦！"白泽解释道，"这些海鸥知道淘河收获颇丰，就想趁火打劫。有时，它们会趁着淘河刚出水的时候发动攻击，迫使淘河将吞下去的鱼吐出来，然后自己抢走……"

"抢别人吐出来的食物……这群海鸥好像有点儿重口味。"我有些震惊。

不过似乎是忌惮淘河群太大了，这次飞来的海鸥并没有上去骚扰，只是在河上来回盘旋几次就飞走了。

　　白泽说，淘河也是非常尽职的父母，它们很爱自己的宝宝，为了能让小淘河健康成长，淘河父母每天都要去河里捉鱼。它们会将鱼吞到肚子里，让新鲜的鱼变成半消化的"糊糊"，回"家"后吐出来给宝宝吃。

　　真是可怜天下父母心啊！

　　我还发现了一件很有趣的事情。淘河不仅喂养自己的宝宝，还经常帮忙喂养邻居家的宝宝，有时候，几只淘河甚至会因为抢着喂养某一只宝宝而"吵架"。有爱的大家庭，果然不一样！

　　每天除了游泳和觅食，淘河的大部分时间花在了晒太阳和"梳妆打扮"上。但这并非因为它们臭美，而是淘河的羽毛又短又密，在短短的尾羽根部有一个黄色的油脂腺，能够分泌大量油脂，淘河经常用嘴把这些油脂涂抹在羽毛上，让羽毛变得更加光滑柔软，滴水不沾。

五斑虫

"五斑虫，学名大麻开……"

"停，停，停！"白泽得意扬扬地叫住我，"大麻什么？"

"开啊！"我指着《鸟谱》上的"鳽"字，"这不是形声字嘛，一半是开，一半是鸟！"

"没错，不过大错特错！"

"什么没错，又大错特错？"小弘历都听迷糊了。

"没错，是说这的确是形声字；大错特错，是说这字根本不念'kāi'。这次终于蒙错了吧。"白泽耸耸小肩膀，摇头晃脑地说，"常在河边走，哪能不湿鞋！小皮蛋不懂装懂，这下糗大啦！"

我赶紧上网查看，嘿，还真错了。人家不读"大麻kāi"，而读"jiān"。好吧，果然失手了。为了掩饰自己的惭愧，我故作诧异地请教："为什么一只鸟会叫五斑虫呢？这也太奇怪了吧！"

"你不是见过寒号鸟嘛。既然神兽可以叫寒号鸟，为什么鸟不能叫五斑虫呢？而且，你刚才把鳽，读成了'kāi'……"

"好啦，好啦！我知道错啦！"可能是在白泽面前丢脸的次数太多，我已经学会了化尴尬为任务的动力。反正，在上古神兽白泽跟前，我还是个宝宝呢。

见我服软，白泽也不追究了，继续侃侃而谈，给我们讲起了关于这种鸟儿的故事。

北京城的宣武门外面，有一座陶然亭，亭子旁边是个大芦苇塘。不知道从什么时候起，附近的人夜里经常听到一种奇怪的叫声，这声音似牛叫，却更加高亢，在夜深人静的时候，显得格外凄厉，人们都议论纷纷。

有人说："这是塘里大鱼成精，在夜里借着月光修炼呢！"

有人说："这是哪里出了冤情，引来鬼怪作祟。"

还有人说："这是龙王显灵，发出声音向人们示警呢！"

当时那个位置非常偏僻，附近又有很多坟墓，一时间谣言四起。老百姓都说，陶然亭闹起了"大老妖"。朝廷听说以后，为了平息百姓的恐慌，特地请来和尚、道士作法驱邪。驱了几个月，大老妖终于消失了。

可是，第二年，这种声音又出现了。这时，有个大胆的地方官，不信鬼神，在半夜带着衙役去"解谜"。他们在芦苇丛里蹲了好几天，终于抓到了"嫌犯"——几只胖乎乎的水鸟，原来恐怖的声音就是它们发出来的。当然，它们就是五斑虫，也就是大麻鳽。

"可是，既然是水鸟的叫声，为什么和尚、道士作法以后，声音就消失了呢？难道法术真的管用？"我想不明白。

白泽小嘴一撇，言简意赅："它们是候鸟。"

这下我明白了。"大老妖"出现，应该是在迁徙途中，忽然发现了陶然亭，并决定在这里停留；几个月以后，秋天到了，它们自然飞去南方越冬了。那时的人们一定不了解其中的道理，以为和尚、道士真有法术呢。

等见到了大麻鳽，我就知道它们为什么叫五斑虫了。它们尖头尖嘴，身上如麻雀一般斑斑点点，有黑色，有黄色，有红褐色，还有棕褐色、黄白色……

它们非常机警，在芦苇丛中筑巢、活动，为了不打扰五斑虫妈妈孵卵，我们只在远处借助望远镜观察、拍摄一番，就离开了。

神奇秘语

　　五斑虫喜欢在夜间活动，白天躲在水边的芦苇丛中，羽毛颜色跟芦苇的颜色很相似，很难被发现。它们胆小又警觉，受到惊吓就静止不动，脑袋和脖子垂直向上伸着，嘴尖朝着天空，安静地等待危机解除。它们非常恋家，即使遇到危险也不想离开，直到迫不得已才会飞走。

打谷鸟

"打谷鸟？又是个奇怪的名字。"我随口问道，"打谷是什么意思啊？"

"打谷你都不知道？"小弘历诧异地看着我，嘴巴张得老大，"皮蛋哥哥，你难道不吃饭吗？"

"当然吃饭了，可这和打谷有什么关系？"

"唉！真是四体不勤，五谷不分！"白泽皱着眉头，对我说，"打谷，就是脱去谷子壳；谷物只有经过这道程序，才能吃啊！"

"这样啊！"我喃喃地说，"我又没见过打谷，再说超市里的大米、小米都是现成的，不了解这些不是很正常嘛……"

白泽翻了个白眼，不再搭理我。

我们朝一片水泽走去，在路上，我突发奇想，问："我们经常会用'动物王国''鸟类王国'这种拟人化的修辞手法，那么，有没有真的神兽之国呢？"

"神兽之国我不知道，但百鸟之国，历史上倒记载了一个。"

"真的吗？在哪里？"

"就在中国的东部啊！"白泽回答，"就是黄帝的儿子少昊建立的。"

"不知道，没听过……"我再次暴露了自己的孤陋寡闻。

"我知道。"小弘历抢着说，"少昊长大以后，离开中原，来到东夷部落。他在那里建立了一个国家，国中的官员全是鸟类。少昊让凤凰统领百鸟；燕子、伯劳、鹦雀和锦鸡掌管春、夏、秋、冬四个季节；鹁鸪、鸷（zhì）鸟、布谷、雄鹰、鸠分别掌管国家的教育、军事、建筑、法律、言论等日常事务；又让不同种类的雉鸡掌管木、漆、陶、染、皮五个工种；除此之外，还有九种扈鸟掌管农业……"

"说得好！"白泽大声称赞起来。

"那打谷鸟在那个国家里担任什么职务啊？"

"打谷鸟嘛，就是我们现在说的灰头麦鸡，它当时被称为'泽虞'，是掌管水泽、水田的官。"

"打谷、麦鸡、泽虞，这种鸟儿和农田还真有缘！"

"那是！它们就喜欢在农田附近筑巢。因为这些地方食物丰富，不仅有落在地上的种子，还有很多虫子、蚯蚓、蜗牛之类的可以吃。每当它们觅食的时候，就走到农田里，沿着垄沟找来找去，就像巡逻一般。而且打谷鸟还有领地意识，它们每天在领地周围徘徊，一旦发现有谁靠近，就会大声叫唤。农民看到了，觉得它们是在守护农田，所以非常感谢它们，又给它们取了'护田鸟'的美名。"

"真有趣，那我们赶快去看看这位护田官吧！"我催促道。

在一片水稻田附近，我们找到了打谷鸟的踪迹。它们有的站在田埂上休息，有的探头探脑地在田间走来走去，有的在天空中缓慢盘旋……但不管是哪种状态，看

上去都像是在巡视领地的大将军，真是忠于职守啊！

我们选定了其中一对打谷鸟进行观察记录，并悄悄跟着它们回了家。它们的家在附近的草地上，非常简陋——就一个浅浅的坑，里面光秃秃的，除了几枚圆溜溜的卵什么都没有。

会不会是因为这一对打谷鸟特别懒？为了验证这一点，我们又去观察了附近别的打谷鸟巢，也都很简陋，有几根草垫在里面就可以算是豪宅了！

一定是它们一心扑在工作上，对居住环境不太讲究，我想，这么尽职的鸟儿，怎么会懒惰呢！

相传少昊诞生的时候，天空中出现了五只不同颜色的凤凰，分别是代表五个方位的红色、黄色、青色、白色和玄色，因此，少昊被称为凤鸟氏。长大后，他成为东夷部落的首领，将凤鸟作为部落的神，后来逐渐形成了一个以凤鸟为图腾的庞大氏族。

鸬鹚

你别说，小弘历知道得还挺多，尤其是一些奇闻逸事，他简直是如数家珍。小弘历说这都是他先生说的，于是我不由得有些好奇，这位先生究竟是什么样的人呢？

没想到小弘历拒绝回答这个问题，他一本正经地说："作为弟子，我怎么能随意评论先生的言行呢？这是很没有礼貌和修养的行为。"

"好像挺有道理的啊。"我挠挠脑袋，开始反省自己有没有这样的行为。

这时，小弘历已经开始研究新的任务目标了，他兴冲冲地说："我们这次的任务目标是鸬鹚哦，皮蛋哥哥，你知道吗，在上古时期，四川盆地有一个叫鱼凫的王国，国王就叫鱼凫，传说他其实是一只成了精的鸬鹚呢！他的王后是花鲐仙子，或许就是成了精的花鲐鱼吧。"

"……"我惊呆了，"鱼凫国我知道，鱼凫王我也知道，可我真的不知道，鱼凫王竟然是一只鸬鹚，他的王后是一条鱼……"

白泽哈哈大笑，说："在上古的神话传说中，神、人和兽之间的分界没有那么明确，女娲是人头蛇身，黄帝是龙头人身，炎帝是牛头人身，鱼凫王为什么不能是一只鸬鹚呢？"

"也对啊，我在网上看到过，三星堆的文物里面有一个鸟头的铜像，长得很像鸬鹚。"我立刻接受了这种设定，"只是不知道古人是怎么想出这种形象的。"

白泽说："古人使用动物形象，创造一些艺术品，那一定是那种动物非常常见，而且在他们的生活中扮演着重要的角色。我想，大概是古代川蜀一带多水，很多人以捕鱼为生，而鸬鹚就是渔夫捕鱼的重要帮手。"

"有道理。只是那么遥远的时代，人们就开始用鸬鹚捕鱼了吗？想想的确难以置信！"我感叹道。

白泽说："中国古代的文化那么辉煌，难以置信的事还多着呢！你们了解得越深入，就会越惊讶，当然也会为你们祖先创造的辉煌文明而感到自豪的。"

好吧，我以后一定要多多了解传统文化。

"不过，我觉得这些鸬鹚挺可怜的，它们辛辛苦苦捕到鱼，自己却不能随意吃，大部分被渔夫拿走——唉，这倒像那些辛苦耕种的百姓。"小弘历人小，感想倒是挺深的。我都不知道怎么接话了。

白泽笑嘻嘻地说："身为皇子，居然能有这种想法，不错，不错。不过，先听我讲个寓言故事吧！"

从前有只鸬鹚，正在河里捉鱼。一只河鸥看到了，说："鸬鹚啊！你干吗那么辛苦，捉再多的鱼，自己也只能吃一点点，何不离开渔夫，像我们一样，自由自在地生活？"鸬鹚摇着头说："你们现在的确逍遥自在，不用像我这样辛苦地捉鱼。但到了冬天，等河水结冰，你们就只能吃草根了，而我还可以从渔夫那儿获得鱼吃！"

白泽讲完故事，清了清嗓子，继续说："鸬鹚之所以不离开渔夫，是期望在冬天的时候，从渔夫那里获得回报。同样，老百姓不离开统治者，也是希望在遭遇困难的时候，能得到救助。如果统治者不懂得回馈百姓这个道理，那百姓早晚会抛弃他们的！"

"这不就是'水能载舟，亦能覆舟'的道理嘛！"小弘历兴奋地说。

"是啊，是啊！这道理你可得牢牢记得！"

我在心里默默地给白泽点了赞：厉害了，居然开始讲授治国的大道理了！

神奇秘语

很久以前，人们就开始驯化鸬鹚捕鱼。捕鱼前，渔夫用绳子把鸬鹚的颈部扎起来，这样它们捉到鱼后，就只能把鱼储藏在食道前端的喉囊里，而不是吞进肚子里。当鸬鹚回到渔船上，渔夫把喉囊里的鱼挤出来，大的拿走，小的给鸬鹚当奖励。

北翠

"翠鸟喜欢停在水边的苇秆上，一双红色的小爪子紧紧地抓住苇秆。它的颜色非常鲜艳。头上的羽毛像橄榄色的头巾，绣满了翠绿色的花纹……"我声情并茂地背诵着课文《翠鸟》，引来白泽一顿白眼。

"现在又不是上课，你背课文干吗？"白泽纳闷儿地问。

"这次的任务目标不是翠鸟吗？我触景生情，有感而发，背诵一下课文，有什么问题吗？"我振振有词地反问。

"当然有问题，"白泽也振振有词地反驳我，"我们的任务目标是北翠，但翠鸟不只有北翠一种，所以你这个说法是不严谨的。"

北翠的学名叫普通翠鸟，这个名字又让我一阵疑惑：难道还有特殊翠鸟？

白泽无奈地说："普通翠鸟不是说它很普通，而是说它是翠鸟属的代表特种。"

我们在一条清澈的小溪边找到了一只正在捕食的北翠。北翠捕鱼的时候喜欢"单打独斗"，停息在河边的树上或者岩石上，一动不动地盯着水面。过了一会儿，一条鱼出现在了水面，北翠立刻迅猛出击，俯冲扎进水中，用嘴叼住鱼飞了回来。

白泽说："北翠的眼睛在水中能迅速调整视角，所以它在水里的视力也非常好，能精确捕获猎物。"

接下来，北翠在树枝和石头上反复摔打这条鱼，确认鱼已经死得透透的了，才整个吞进肚子里。我还注意到，北翠把鱼掉了个方向，先吞鱼头，这样就不会被鱼鳍刺伤。

我忍不住惊叹："别看北翠个头儿不大，它们可是捕鱼高手呢。"

白泽给我们讲了一个关于北翠的寓言故事。

有只北翠妈妈，本来在很高的山崖上筑巢。当它产卵的时候，忽然想：我的宝

宝出生在这么高的地方，会不会有危险呢？于是，它把巢搬到了低一点儿的地方。等到小鸟们孵了出来，鸟妈妈又想：这里还是太高了，要是宝宝一不留神儿，掉下去也会摔伤的。于是它又将巢搬到了更低的地方。这下可糟了，它的宝宝们还没长大，就被路过的人轻而易举地捉走了！

"唉，小孩子啊，不能总在安逸的环境中成长，否则就会变成什么都不懂，没有生存能力的大傻蛋！"白泽一边叹气，一边用眼神瞟着我。

这家伙，暗示我就是什么都不懂的大傻蛋！我心中一气，居然急中生智，也想到了一个寓言。

从前，有只北翠，在草地上筑巢。那里离路很近，人来人往，北翠十分担心巢被人类破坏。有只乌鸦对它说："你真笨，既然担心人类破坏你的巢，为什么不搬到海边去，将巢筑在高高的悬崖上，谁还能找到那儿？"

北翠听从乌鸦的建议，将家搬到了海边的悬崖上。一天，它外出觅食，忽然海上狂风大作，掀起高高的波浪，汹涌的浪涛一下子就将北翠的巢卷走了。北翠回来，已经无家可归了，它气急败坏地骂道："乌鸦真是个蠢货啊！什么都不懂，就给人提建议，我真后悔听了它的话！"

讲完以后，我也瞟着白泽，"语重心长"地对它说："小家伙！可不要自以为是，好为人师啊！"

"你这分明是强词夺理！"白泽胀着腮帮子，气鼓鼓地说。

什么呀，我这叫"以其人之道，还治其人之身"，哈哈哈！

神奇秘语

　　我国古代有一项古老的首饰制作工艺，叫作"点翠"，将翠鸟身上最美丽的羽毛镶嵌在金属底座上，制作出来的首饰非常美丽。但这种美丽背后是大量翠鸟的死亡——一支小小的点翠簪子就需要十几只翠鸟的羽毛。现在的点翠用染色的鹅毛或者蓝色缎面来代替翠鸟羽毛，也非常漂亮。

水喜鹊

　　下一个任务，水喜鹊。我将《鸟谱》打开，看了又看，这哪是喜鹊呀，和我平时看到的喜鹊没有一点儿相似的地方。喜鹊的腿是短短的，嘴巴也没有这么长，可《鸟谱》中的水喜鹊，细长嘴，大长腿，倒像小一些的白鹤。

　　"谁告诉你，水喜鹊是喜鹊了！"白泽耸耸肩膀，"它们只不过是名字相似而已。其实，水喜鹊的真实姓名，你一定早就听说过。"

　　"什么呀？"我想不到。

　　白泽说："生活在水里的，以河蚌为食的，还有个著名的成语……"

　　"鹬蚌相争！难道这就是鹬吗？"

　　"没错！这就是鹬的一种，确切地说是黑翅长脚鹬。你看它们的翅膀尖端，都有一块黑色的羽毛；再看它们的脚，是不是又细又长？"

　　我点点头："好像还是红色的。"

　　"是啊，就是因为有红色的大长腿，所以它们还被称为'高跷鸟'，以及'红脚娘子'。"

　　红脚娘子这名字真好，既形象，又好听。我决定赶快到现场去看看，于是拉着白泽和小弘历，进入了水喜鹊的栖息地。

　　这是一片位于北方的沼泽地，春天已经过了大半，河岸上已经冒出各种各样的青草、野花，水面上波光粼粼。一大群水喜鹊正在沼泽中嬉戏，它们或孤身一鸟，或成双成对，或三三两两，迈着轻盈而优雅的步伐，一边走一边觅食。它们把细长的嘴插到泥里探寻食物，如果遇到比较深的水，还会把整个脑袋都埋进水里找吃的。

　　听白泽说水喜鹊的胆子很小，我忍不住想来个恶作剧，吓唬一下它们。我选择了一只胖乎乎的水喜鹊作为目标，隐身飞到它面前，然后突然现身，还一边做鬼脸一边发出略略略的怪声。

没想到，水喜鹊非但没有立刻逃跑，反而冲我直点头，似乎在向我示威。

这是什么情况？我回身惊奇地大喊："白泽，你不是说它们胆小吗？我看这只胆儿挺大的啊，还冲我示威呢！"

"你再好好看看！"白泽指着我的身后，大声回答。

我回头一瞧，呀！水喜鹊不知什么时候，缩回了脑袋，拍着翅膀飞上了天空。它还在空中丢给我一个又委屈又鄙视的小眼神，似乎在说："嘿，你这愚蠢的人类，还来吓唬我！我飞走啦，你就在水里站着吧！"

"哈哈哈哈！"白泽在岸上，笑得简直缩成一团，一边笑，一边捧着肚子对我说，"你一点儿都不吓人，人家水喜鹊根本不怕你。"

好吧，谁让我长得这么善良，人见人爱，花见花开呢！

我飞上岸，问："水喜鹊最初怎么不飞走，还要停在那儿，对我直点头？它是

吓傻了，反应不过来，还是真的根本就不怕我？"

　　"怕还是怕的，毕竟你块头比它大得多。它停在那儿点头，也是为了吓唬你。它们好不容易找到一块领地，哪里肯轻易放弃。吓唬你，是希望你能离开！这也是故作镇定，虚张声势呢！水喜鹊的看家本领，就是吓唬人。尤其是到了孵卵的季节，如果有敌人入侵，所有的鸟爸爸、鸟妈妈都会飞到空中，不停地盘旋、鸣叫，直到入侵者不堪其扰离开为止！"

　　我可不愿因为自己的到来，害得水喜鹊无处安身，于是匆匆拍了照片和视频，就立刻离开了。希望这种鸟儿，永远也不要受到打扰和惊吓！

　　在鸟类中，鹬的社会组成极为特别，它们采用"一妻多夫制"，雌鸟的羽毛色彩更为鲜亮。在繁殖期，雌鸟会发出求偶声，叫声深沉而婉转，求偶炫耀时，雌鸟主动靠近雄鸟，同时双翅扇动，单腿跳舞，以取悦雄鸟。

jí   líng

鹡 鸰

"喂，皮蛋，你听没听过一首叫《说唱脸谱》的歌？"

"当然听过。"我当即给白泽来了一段，"蓝脸的窦尔敦盗御马，红脸的关公战长沙，黄脸的典韦，白脸的曹操，黑脸的张飞叫喳喳……"

"好听，好听！"小弘历在一旁直拍手叫好。

"这歌我可熟了，以前还在班级里表演过。不过，白泽你问这个干什么？难道你想学京剧？"

"不是，不是。"白泽摇头说，"我最不擅长唱歌了，你又不是不知道。它和我们的任务有关，这次我们要找的鸟儿叫鹡鸰，还有个特别威风的名字——张飞鸟。"

　　黑脸的张飞叫喳喳，我立刻脑补了这样一个画面：一只巨大的、黑色的、威风凛凛的鸟儿，站在桥头——不，是树枝上，别的什么乌鸦、老鹰都吓得战战兢兢，逃到远远的地方不敢接近。

　　可是等白泽将我们领到附近的一座山坡上，找到一群鹡鸰时，我却大失所望。原来鹡鸰一点儿都不威风，它们是群像麻雀一样的小鸟，身材短短，颜色灰暗，还没有我的手掌大。我忍不住问："这种小鸟就是张飞鸟？它们和猛张飞哪里有一点儿相似的地方？"

　　"叫它们张飞鸟，并不是说体形大。这里有两种说法：一种说法是，因为它们身上的颜色黑白相间，花纹就像戏曲里张飞的脸谱，所以江浙一带的人都称它们为张飞鸟；还有一种说法是，这种鸟虽然小，性情却刚烈、暴躁，假如被人捉到，它们就不吃不喝，绝食而死……"

　　"我记起来了！鲁迅先生在《从百草园到三味书屋》里面记载过这种张飞鸟，

原来它们的学名叫鹡鸰。"我喜欢直爽、威猛的张飞，所以对这种小鸟顿时有了好感。

"我也知道鹡鸰。《诗经》中有'脊令在原，兄弟急难'的句子，意思是有一只鹡鸰鸟被困在原野里，它的兄弟们都来救它。从此，人们用'脊令在原'来比喻兄弟之间手足情深。唐玄宗李隆基还写过一篇《鹡鸰颂》呢！"小弘历补充道。

鹡鸰真的如人们所描述的那样，亲爱同伴吗？我想试一试。于是，我隐起身，手中变出一张柔软的网，悄悄地靠近鸟群。当一只淘气的小鹡鸰蹦蹦跳跳，来到鸟群边缘时，我把网罩在它的身上——放心啦，这样只会让它隐身，而不会对它造成伤害。

果然，不一会儿，鸟群便察觉到了同伴的消失。离得最近的小鸟开始躁动起来，它们扇着翅膀，发出尖声啼叫，似乎在询问："小花翅哪里去了？小花翅怎么不见了？"这种躁动迅速传播，不消片刻，整个鸟群都开始叽叽喳喳地叫起来。鸟儿们腾空而起，在附近搜寻，看来它们真的非常在意自己的同伴呢！这么可爱的鸟，我不忍心继续捉弄啦，于是赶紧将网拿开，小花翅一下露了出来。

鸟儿们看到它，叫声也从焦急变成了兴奋，叽叽喳喳地仿佛在说："看！快看呀，小花翅就在那里嘛。它好好的，一点儿危险都没有！"

做完这一切，我心满意足地回到白泽和小弘历身边，他们已经将刚才那珍贵而温馨的一幕，全都记录了下来。

神奇秘语

别看鹡鸰个子小，它可是筑巢高手呢。鹡鸰喜欢在水域附近的岩洞、岩壁缝隙、土坎、石头缝隙、灌木丛、草丛里筑巢。如果周围有人家，它们也会在房屋的屋顶和墙壁缝隙里筑巢，和人类比邻而居。鹡鸰筑巢挺讲究，外层是枯草、枯叶和粗树根，里层是细的树根和树枝，最里面还垫着兽毛，宝宝们住在里面又舒适又暖和。

乌鸦

接下来的这个任务，简直颠覆了我对鸟类的所有认识。

任务目标：乌鸦。我想象中乌鸦的生活是这样的：

在遥远而幽暗的森林里，黄昏的暮光穿透树枝的缝隙，洒在枯萎的树枝上。一只乌鸦在黑暗的角落里孤独地鸣叫着。突然，它嗅到了一丝死亡的气味。作为食腐动物，这种气味对它来说无疑是一种美味。乌鸦寻找到气味的来源，美美地饱餐了一顿，拍拍翅膀，惬意地回到树枝上栖息。别的动物看到乌鸦经过，有的害怕，有的厌恶，就像看到瘟神一样，全都远远地躲开。

然而现实之中，乌鸦的生活完全不是这个样子的。

"我们去哪里寻找乌鸦呢？"任务开始前，我询问白泽。

"去日本！"白泽目的非常明确，"因为日本人非常崇拜乌鸦。"

"他们怎么会崇拜这么丑陋的鸟儿？"

"又孤陋寡闻了吧！这是因为一个传说。公元前665年，日本的第一代天皇神武天皇率军出征，在一座山林里迷了路，就在他们陷入绝境、束手无策的时候，天神派来一只乌鸦为他们指路，将他们带离了险境。自此以后，乌鸦就成了日本人民心目中象征吉祥的神鸟，任何人都不能伤害它们。"

"哎呀！我们也有个类似的传说。"小弘历说，"当初，太祖皇帝努尔哈赤——也就是我爷爷的曾祖——出兵讨伐其他部族的时候，行军至半路，忽然有一大群乌鸦拦住了道路，大军来了也不让开，叫声非常凄切。太祖皇帝听到了，就说：'乌鸦是有灵性的鸟，它们这么做是劝我们回去呢吧！一定是有敌人要偷袭我们，它们是来报信的！'于是便率领大军回去布防。到了夜里，果然有叶赫部的敌人前来偷

袭。乌鸦救了我们整个部族，所以族人非常感激它们。我们每年都要给乌鸦献祭——在故宫的空地上撒谷物，并禁止所有人伤害它们。"

看来乌鸦在不同的文化中，身份、地位也都不一样，并不是所有人都将它们视为"不祥"的象征。

我们来到日本，出现在一个十字路口，有很多人在等交通信号灯。幸好我们隐身了，不然两个小孩和一只奇怪的狗狗突然从天而降，肯定会上热搜、头条，说不定白泽就成网红了。

我正纳闷儿为何要来这儿，只见一只乌鸦衔着一个核桃，飞到马路中间，把核桃放在一辆正在等绿灯的汽车车轮下。

它这是要干吗？我好奇极了。

司机没有发现它的小动作，绿灯一亮就发动汽车开走了，轮胎碾碎了核桃的壳。我以为乌鸦会赶紧过去吃，但是它没有。一直等到下一次红灯，汽车都停住了，乌鸦才蹦蹦跳跳地过去美餐一顿。

"它、它、它是计划好的吗？"我震惊得说话都结巴了。借助车轮碾核桃，还知道红灯停、绿灯行，这也太聪明了吧！

白泽哈哈大笑："乌鸦会的可多了，它还会钓鱼呢！有科学家经过观察和研究认为，乌鸦的智商仅次于人类。它们不仅会制作工具、使用工具，还懂得把这些工具收藏起来，下次再用。别以为只有你们人类才拥有智慧，世界之大，无奇不有，对大自然要心存敬畏啊。"

在上古时代，乌鸦也叫"金乌"，是象征太阳的神鸟。传说它们是天帝的儿子，生活在巨大的扶桑树上，每天轮流值班，为大地带来光明和温暖。有一天，它们顽皮地一起溜出去玩，把大地烤成了焦炭，被神箭手羿射下了九只，留下最后一只继续担负起照亮大地的任务。

白 鸦

我以为白鸦是白色的乌鸦，但是白泽竟然说，白鸦其实是八哥！

我指着《鸟谱》上的图，问："八哥不是黑色的吗，怎么会是白色的呢？"

"皮蛋哥哥，这个真的是八哥哦，我家里就有一只，名叫如雪，还会背诗呢。"小弘历笑眯眯地说。

康熙皇帝的孙子，雍正皇帝的儿子，未来的乾隆皇帝，他说白鸦就是八哥，我还能说什么呢？最重要的是，他是真的有一只白鸦！

但我还是很纳闷儿："八哥真的有白色的，为什么以前没听说过呢？"

白泽也无奈地说："作为一个现代人，你不知道白化病吗？白鸦就是白化的八哥啊。"

"原来是这样！"我恍然大悟。我知道，自然界存在很多白化动物，它们身体中的黑色素细胞缺乏一种酪氨酸酶，因此不能让酪氨酸转化成黑色素，皮肤、毛发或者羽毛就会变成白色、银白色、浅红色、浅黄色，甚至眼睛里也是透明的。

我忽然有点儿好奇，问："白鸦，是白化的八哥；那其他动物中的白色个体，也都是因为白化病吗？譬如小白兔，还有……"

"别看我！"白泽见我盯着它，不高兴地说，"当然有因为白化变异而呈现白色的动物，但并非所有的白色动物都是因为这个。你看我的眼睛，这么漆黑明亮，看我一点儿都不怕太阳光……我本来就是白的！"

小弘历不知道什么是变异，什么是酶和黑色素，但他大概听明白了，白化是因为身体里缺少一种能产生颜色的东西，所以外表看起来是白色的。他忧心忡忡地问："世人都说白鸦珍贵，今天我才知道，原来这是一种病。如雪也得了这种病，会不会影响它的健康？"

我犹豫了一下，但还是坦白地告诉他："白化动物的确可能存在一些健康问题，在野外也更容易被捕食者发现。"小弘历听得都快哭了。

白泽赶紧安慰："不要担心，白化病没有那么可怕，患者除了外表，身体机能并不会受到太大的影响，他们能和正常动物一样生活。而且，有些白化的动物，会显得更加可爱、漂亮，要不如雪怎么会被送到皇家呢？"

小弘历听了点点头，眼中的泪光也消失了。可白鸦这么罕见，我们该去哪里寻找呢？它们可没有固定的生活区域，难道我们要像大海捞针一样，到八哥群里搜寻？

白泽笑着说："那还不简单！别忘了我们的好朋友貘。我们只要进入小弘历的梦境，不就能到他的家中，去看如雪了吗？"

很快我们就在貘的帮助下，进入了另一个梦境。那是一座漂亮的大园子，里面沿着湖修建着很多亭台楼阁。小弘历带着我们左拐右拐，一会儿就来到一间大屋子里。刚一进门，我们就听到如雪清脆的叫声："小主人回来啦，小主人回来啦！"还真是个聪明可爱的小家伙！

我们玩了好久，才离开那里。"这是什么地方？"我悄悄地问白泽，"我们上次游故宫的时候，怎么没有见过呢？"

"那是当然了。"白泽回答，"这又不是故宫，这是圆明园啊！它最初就是康熙皇帝给四皇子的赐园。"

原来是这样！想到圆明园以后的遭遇，我有些后悔，没有好好看看它。

神奇秘语

在自然界，白化现象其实很多，爬行动物、鸟类、哺乳动物中都有白化个体出现。据说在神秘的神农架一带，有很多奇异的白化动物。人们曾在那儿发现过白蛇、白熊、白龟，以及白猿等。到底是什么原因，导致白化动物聚集出现，至今科学家也没有得出可信的结论。

白 练

"你知道吗，据说白练是凤凰的远房亲戚呢，长得漂亮极了，被称为林中仙子。"白泽八卦兮兮地说。

我信任白泽的博学多才，但我不信任它的审美。但是，作为一个合格的捧哏，我还是很配合地问："哦？真的吗？太棒了！"

白泽歪着小脑袋看我，问："这就是传说中的捧哏三句话吗？听起来很没诚意啊，你是不是在敷衍我？"

我诚实地点点头。

　　白泽扔给我一个电击球，奶声奶气地说："可恶的人类，竟敢敷衍白泽大人，不可原谅。"

　　我哈哈大笑，敏捷地躲开这个不痛不痒的电击球。自从我们成了好哥们儿，白泽的电击球就从攻击武器变成了一个好玩的游戏玩具。

　　小弘历皱眉看着我们，我们一边打打闹闹，一边寻觅白练的踪迹。看到白练的那一瞬间，我惊呆了：白练真的很美！白泽的审美提高了！我自己打脸了！

　　白练的雌鸟和雄鸟的小脑袋都是蓝黑色的，在阳光下闪耀着金属般的光泽，头顶还有一簇漂亮的羽冠，鸣叫时就会竖立起来，晃晃悠悠的非常可爱。雄鸟全身覆盖着雪白的羽毛，还拖着两根长长的白色尾羽，飞翔时尾羽优雅而飘逸，像是林中仙子的丝带一般。

　　白泽说："白练雄鸟的尾羽有身体的四到五倍长，古人觉得看上去像是白色的绶带，就叫它们绶带鸟。绶带是一种系在印章上的丝带，象征着地位和官职。后来人们又叫它寿带鸟，慢慢地，它又变成了长寿的象征，是一种很受欢迎的吉祥鸟。"

相比之下，雌鸟的外貌就逊色多了，它们的身体是红褐色的，不仅没有雪白的羽毛，也没有长长的尾羽。这倒没什么惊奇的，因为大部分鸟类就是这样——雄性负责貌美如花，雌性负责孵蛋看家。

熟读诗词的小弘历，补充道："其实除了长寿和吉祥，古代的文人还赋予了白练志向高洁、不与世俗同流合污的意象，在很多诗词中对它们大加称赞。比如，宋代诗人王质，写过一首著名的《山友辞·拖白练》：'拖白练，拖白练，苍翠阴中玉一片。翻枝倒叶露微茫，风动树鸣忽不见。穿向北，穿向南，山藤野蔓何能缠。呜呼此友兮可解颜，溪山缭绕多林峦。'明代诗人刘崧也做过一首《白练带词》：'白练带，长且美，飞来青树颠，宛转修竹里。南园日暮无人来，一双下饮寒塘水。'"

身处青翠的林荫之中，听着小弘历用稚嫩的童音，一字一板地朗读出来，我忽然体会到了以前在语文课上不能理解的两个字——意境。这两首词的意境实在是太美了，让人沉浸其中，久久不愿出来。

最后，还是白泽把我叫醒。它把《鸟谱》递到我的眼前，问："只顾着听诗词，没发现什么问题吗？"

我看了好久才明白，《鸟谱》上的白练画像，雌鸟和雄鸟都是白色的，这和现实中的观察并不相符。原来这么权威的《鸟谱》中也存在错误！

白泽夸我观察细致："这就是咱们要做的，不仅要观察和记录，还要勘正《鸟谱》中的谬误。加油吧，少年，说不定，《鸟谱》上会出现你的名字哦！"

别看白练美丽而优雅，但它们可不是吃素的。尤其是在繁殖期间，白练的领地意识非常强，如果发现有其他鸟儿侵入它们的领地，它们就会联手驱赶。那时，大到老鹰，小到麻雀，都得绕开它们飞才行。人们曾观察到，白练蛮横地驱赶比它们先筑巢的鹡鸰，还将鹡鸰的巢穴拆毁。

锦背不剌

"锦背不剌？这个名字很有武侠范儿啊，感觉像是刺客，神秘又酷炫，我简直等不及想要见到它了。还等什么呢，我们赶紧开始吧！"我招呼白泽和小弘历一起出发。可是，他们动都没动，却给我挑起错来。

小弘历说："皮蛋哥哥，你又读错了。那个字应该读'la'，也就是'剌'。读刺是不对的……"

"怎么可能！"我拿过鸟谱，仔细看了又看，"明明就是'刺'嘛，不信你们自己瞧瞧。"

"上面的确写的是刺，可就是该读'la'。"小家伙还挺固执。

"难道'刺'和'剌'是多音字？"我问。

"不是。"白泽摇摇头说，"它们的字形和字义都不同。"

"难道是《鸟谱》的作者写错了？皇家读物也犯这种错误？"

"也不是啦！"白泽解释道，"'刺'和'剌'虽然不同，但古代记事的时候经常将它们混用，尤其是在书法作品里。可以说，这是一种被大家忽略的错误吧！"

"古代人这么不仔细……可是，你们为什么这么确定，它就一定读'la'呢？"

"因为在民间，很多地方就将这种鸟叫'胡不拉'。而且'不剌'这个词，在元代时常被用作语气助词。锦背不剌，就是说背上有锦缎花纹的鸟儿了。"

胡不拉，我一查，噢，原来就是伯劳。好吧，又上了一课。不过，我对咬文嚼字没什么兴趣，拽着他们迫不及待地踏上了寻鸟之旅。

伯劳喜欢栖息在长有棘树木的开阔野地上。在寻找伯劳的时候，我发现了一件怪事：树上挂着很多死去的小动物，有蜥蜴，有毛虫，还有小青蛙。这是谁干的？

"不知道吧！伯劳又叫屠夫鸟。"白泽指着不远处一只毛茸茸的小鸟说，"这都是它们杀死，又储藏在树枝上的。"

我惊讶极了，那小家伙大概也就我手掌大小。圆溜溜的小脑袋转来转去，可爱极了，竟然是嗜杀的屠夫鸟！

这时，白泽嘘了一声，示意我仔细观察。

只见伯劳静静地站在树枝上，锐利的目光俯视地面。忽然，一只小田鼠进入它的视野，伯劳迅速俯冲下去，用锋利的爪子抓住田鼠，返回树枝。田鼠疯狂地挣扎，可伯劳的利爪把它抓得牢牢的，直到它一动不动。接着，伯劳驾轻就熟地用尖嘴将田鼠挂在树枝的棘刺上，自己则站在旁边，似乎是要歇息一下，再慢慢地享用大餐。

"好残忍啊！"我惊得张大了嘴。

"这就是它的捕猎方式。动物的世界只有生存，没有对错。"可能是为了挽救伯劳在我心中的形象，白泽讲了一个故事。

古代，有个大臣叫尹吉甫，他的妻子生下儿子伯奇以后就去世了。尹吉甫又续娶了新的妻子。伯奇特别孝顺，对父亲、继母都非常恭敬。但继母为了独占家产，将伯奇视为眼中钉。

后来，因为继母的陷害，伯奇被赶出家门，饥寒交迫地死在了外面。死后，他化成一只小鸟，日夜悲啼。有一天，外出的尹吉甫正因为失去儿子而伤心呢，听到林中的悲啼声，便问："伯奇劳乎？你如果是我的儿子，就飞到我的马车上！"

小鸟听了，立刻飞到马车上。尹吉甫伤心欲绝，知道了真相，惩罚了害死伯奇的后妻。后来，人们就根据他的那句话，将这种小鸟称为"伯劳"。

神奇秘语

伯劳是鸟类里的"双面小霸王"。有人说它是性情残暴的鸟中屠夫，用残忍的方式杀死猎物；也有人说它是对家人温柔体贴的好丈夫、好爸爸，宁肯自己挨饿也要把食物留给妻子和孩子。

狗头雕

"狗头雕？这是个什么名字？是不是写错了啊？"我哈哈大笑。

白泽趴在我脑袋上，一边喝冰可乐，一边反驳我："虽然它的名字有点儿搞笑，但它可是赫赫有名的猛禽哦。我一说它的大名，你肯定会恍然大悟地说：'原来就是它啊！'"

我不信自己会这么呆，于是我跟白泽打了个赌，谁输了谁学小狗叫。

"它就是秃鹫。"白泽公布答案。

什么？狗头雕就是威风凛凛的秃鹫？我吃惊极了，以至于虽然一直在默念"不要按白泽的剧本走"，但还是情不自禁地说："原来就是它啊！"

白泽大喊："你输了！"糟了！我赶紧捂嘴，但是已经来不及了。

"愿赌服输，快学小狗叫，不然我电你！"白泽"恶狠狠"地说。

在学狗叫和被电击这两个选项中，我果断选择了第三个选项——走为上。

白泽气得哇哇大叫，追着我狂扔闪电球。小弘历则跟在我们的后面，看起了热闹，这小家伙儿一会儿指挥我躲闪，一会儿又指点白泽把闪电球往我飞行路线的前面扔——真是个两面派！

不过，我在梦境中这么灵活，怎么可能被扔中呢！我上下腾跃，游刃有余，一边躲闪着白泽扔来的闪电球，一边考虑去哪里寻找狗头雕的踪影。对了，我在看纪录片的时候，曾见过秃鹫和鬣狗争夺食物的场面，鬣狗生活在非洲的大草原上，那就去那里寻找秃鹫吧！于是，我施展"梦境穿越大法"，一下子就来到了非洲大草原的上空。白泽和小弘历居然能知道我到了哪儿，随即也跟了上来。

于是意想不到的事情出现了——白泽的闪电球击中了一只在空中滑翔觅食的

大秃鹫！它陷入昏迷，直直地掉下去了！

我们都吓坏了，赶紧冲过去，拼命拽住狗头雕的翅膀，想把它拉起来。但是狗头雕实在太大了，翅膀展开后差不多有 3 米长，60 多厘米宽，再加上它的体重和重力加速度，我们三个用了吃奶的劲儿也拉不住它。

我急得大喊："怎么办？它要成第一只摔死的秃鹫了，白泽你快想想办法啊！"

白泽也急得满头大汗："我是智慧型的，不是力量型的啊！"

"有了！"我急中生智，用意念变出一把巨大的降落伞，打开后，降落伞带着我们晃晃悠悠地缓慢下降。我又用意念在地面变出一张巨大的安全垫，控制好方向后，终于平稳着陆。

这时秃鹫也醒了，它迷迷糊糊地站起来，看看我们，不知道发生了什么事情。

它的眼神那么凶猛，爪子和嘴那么锋利，我有点儿害怕，它要是知道自己是怎么掉下来的，会不会忽然发难，啄我们？我们能打过它吗？好像有点儿难度呀！

谁知，这只秃鹫有点儿酷，根本没搭理我们，拍拍翅膀就飞走了。我松了口气。

白泽慢吞吞地说："别怕，秃鹫是食腐动物，一般来说不会主动进攻活着的动物，尤其是人类。"

"真的？那你怎么不早说？"我觉得很没面子。

"我以为你知道。"白泽无辜地耸耸肩。

"我、我当然知道，这不一时没想到嘛。"我暗下决心：接下来的任务，我一定会沉着冷静，一雪前耻！

神奇秘语

会变色的不只是变色龙，秃鹫也会变色哦。在争夺食物的时候，秃鹫会把自己的面部和脖子变成鲜红色，意思是："不许跟我抢！"如果失败了，就会变成白色，灰溜溜地离开。直到食物争夺大战结束，它们才会变回本来的颜色。是不是很有趣呢？

接白雕

　　"这家伙明明是暗褐色的，一点儿也不白，为什么要叫它白雕？"我一边看《鸟谱》中的资料，一边忍不住吐槽。

　　"它不叫白雕，它叫接白雕。"小弘历认真地纠正我，"白雕是另外一种雕，你看过《射雕英雄传》吧？郭靖救的就是白雕……"

　　我有点儿吃惊："你都会自己找电视剧看了？"

　　"哈，我会的还多着呢。"小弘历得意扬扬地说，"我还会骑马打猎呢，你会吗？"

我摇摇头："我不会，而且现在有《动物保护法》，不允许打猎了。"

"不能打猎了吗？那该多无聊啊！难怪你连接白雕都不认得。"小弘历遗憾地摇了摇头，随即又安慰我，"不过你们的世界也很棒，可以上网，有那么多好看的书，好看的电视！"

白泽也在一边点头说："每个时代，有每个时代的风物，只要积极向上，你们都能过得很快乐，很充实！"

"对了。"我问，"这雕为什么叫'接白雕'呢？有什么说法啊？"

小弘历摇摇头，似乎也不知道。白泽解释道："你们仔细看这雕的羽毛，它们并不是'黑白分明'的，而是由黑到白逐渐过渡。古代绘画里有种叫'接色'的填色技法，就是将不同颜色混合，让它们之间均匀过渡……"

"噢！"我明白了，"接白，就是说它的毛羽色彩从黑到白均匀过渡！那它们的学名叫什么呢？"

"那就赫赫有名了——金雕！"

金雕，难怪看起来那么威猛呢！这种雕不仅飞得高，速度快，而且非常聪明。草原上的牧人经常驯养它们，用来打猎。苏轼写的那首著名的词中"左牵黄，右擎苍，锦帽貂裘，千骑卷平冈"，提到的就是它们。

小弘历也说："我说眼熟呢！其实我也有一只这种雕，是爷爷说我读书认真，奖励给我的。只不过我还小，不经常去看它，也不知道现在它被喂养得怎么样了。"

很快，我们在草原上空找到了一只正在翱翔的金雕。它飞翔的姿势真是帅极了，双翅展开，威风凛凛。不过，我还是疑惑："它看起来灰突突的，为什么学名叫金雕呢？"

白泽拉着我们飞到金雕的上空，原来，在阳光的照耀下，金雕的脑袋和脖子上的羽毛看起来金灿灿的，漂亮极了。

小弘历惊叹："哇，原来金雕这么漂亮，我还从来没有从这个角度看过它呢！"

忽然，翱翔中的金雕似乎发现了猎物，快速俯冲直下。我们赶紧也跟了上去，

这才发现它的目标是一匹正准备袭击羊群的狼。

我吃惊地问："它是要保护羊群吗？我听过牧羊犬，可没听过牧羊雕啊！"

"我听过！"小弘历举手，"草原上的牧人驯养金雕，不仅能帮自己狩猎，还能驱赶野狼，看护羊群，可厉害了！"

金雕俯冲下去，巨大的翅膀一挥，就把狼击倒在地，用尖利的爪子将其杀死。它饱餐一顿后，又带着剩下的肉飞了起来。

我们跟着金雕，回到了它的巢穴。金雕巢里一只全身长着灰白绒羽的小雕，正眼巴巴地等着妈妈带回好吃的呢！看到金雕带肉回来，小家伙迫不及待地扑上来，大口大口地吃了起来。金雕就安静地立在一旁，锐利的眼睛里充满了慈祥。

小弘历看得入神，喃喃地说："原来金雕这么可爱！回去以后，一定要把我的金雕放了，天空才是它的家！"

2009年，在意大利的巴里国际机场，一只叫夏延的金雕找到了新工作——机场安保员。它的任务就是赶走出现在机场跑道上的野兔和狐狸，这些小动物经常干扰飞机起飞，给机场造成经济损失。但自从夏延上任以后，它们就再也不敢来捣乱了，因此夏延还获得了机场的嘉奖呢！

白海青

　　"这一期的任务：白！海！青——"白泽挥着《鸟谱》，大声吆喝。

　　话音刚落，小弘历噌地一下站起来，举着手说："我知道，我知道！"小家伙玩抢答题玩上瘾了，而且还次次都能答对，让我这个年龄比他大一截的现代小学生感到非常汗颜。

　　他还偷偷瞄了我一眼，然后得意扬扬地说："白海青是海东青的一种。在我们满族文化中，海东青是万鹰之神，是神的使者。它们有白色的，也有杂色和灰色的，其中纯白色的最珍贵，就是我们这次要找的目标。白海青也叫'白玉爪'，据说十万只鹰隼（sǔn）里才能出一只。"

　　果然出口不凡，不过我也不甘示弱："白海青的学名叫矛隼——是长矛的'矛'，鹰隼的'隼'，可不是毛竹笋哟！这意思是它们飞速极快，迅捷凶猛，就像掷出去的长矛一样。这种鸟在外国也有分布，还被冰岛定为国鸟，绘制在国徽上呢！"

　　"我见过真正的海东青！"小弘历非常骄傲，"是别人进贡给我皇玛法的，皇玛法还写诗赞美它，'羽虫三百有六十，神俊最数海东青'。等我长大了，就能有自己的海东青……"

　　我悄悄问白泽："他皇玛法是谁？"

　　"就是他爷爷，康熙皇帝。"

　　好吧！比家世还是你厉害。我只好拱手认输。

　　白泽怕我失落，赶紧介绍起海东青的历史来。

　　这种鹰隼很早以前就被人们驯养了，到了辽代，皇帝和贵族尤为喜好狩猎，所以就逼迫生活在东北边地的女真人每年进贡海东青。可海东青数量稀少，而且性情凶猛，不容易捕捉，民间常有"九死一生，难得一名鹰"的说法。女真人几乎抓尽了境内的海东青进贡，却仍然不能满足辽国统治者。后来，他们忍受不了压迫，奋起反抗，竟在首领完颜阿骨打的率领下推翻了辽朝。

到了元朝的时候，来自草原的统治者又开始重视起这种鹰。他们甚至规定，海东青可以抵罪，流放的犯人只要能捕捉到海东青进献给朝廷，就能得到赦免。

"这不扰乱法制嘛！"我不以为意地说，"难怪元朝那么快就灭亡了，加上之前的辽朝，看来海东青容易让人玩物丧志，导致国家衰亡呀！"

小弘历愣了一下，低下头，小声说："我、我都没有想过这个问题，但是皮蛋哥哥说得对，要是把太多精力放在鸟儿身上，一定治理不好国家。我回去得和皇玛法好好说说！"

"那你皇玛法一定会夸奖你的。"我拍拍他的小脑袋，"走，咱们不聊这么大的话题了，去找纯白色的海东青！"

"纯白色的海东青，那可太罕见了，咱们到哪里去找呢？"

"在寒冷的北极，四周都是白茫茫的冰雪，有一些海东青为了适应环境，更好地掩护自己，就变成了纯白色。冰岛就有，我们去那儿找找。"我凝神静气，带着小弘历和白泽瞬移到冰岛境内的一个海岛上。

我们运气不错，很快就找到了一处海东青的栖息地。果然是纯白色的白玉爪！

看着这些在冰原上空盘旋的精灵，我暗自感慨："它们躲在这么遥远、寒冷的地方，大概就是不想被人们捕捉吧！人类为何要为了自己虚伪的'喜爱'而剥夺它们的自由呢！"

神奇秘语

在满族传说中，世界刚刚诞生的时候，大地被坚硬的冰壳覆盖着。天神阿布卡赫为了创造生灵，便让自己的使者——一只海东青从太阳的火焰里飞过。海东青的羽毛被炽热的阳光点燃了，从天空飘散落下，落到大地上，融化了厚厚的冰壳。泥土露了出来，这样草木才能生长，动物和人类才能生存。所以，在满族先民心中，海东青就是拯救苍生的大英雄。

鹞子

　　小弘历变得越来越活泼，开始的高冷范儿已经完全消失了，取而代之的是一个小话痨，整天叽叽喳喳说个不停。

　　"皮蛋哥哥，白泽大人，你们会不会觉得我很烦啊？"小弘历害羞地低下头，"我没有什么小伙伴，阿玛和额娘也总是很忙，没有时间陪我，所以……"

　　我赶紧安慰他："没有没有，怎么会呢，我们觉得你可爱极了。"

白泽也奶声奶气地说："小弘历是我见过最可爱的孩子了。"

小弘历感动极了，一把抱住白泽，两个奶声奶气的小家伙凑在一起，真的是太萌了——如果不考虑白泽的年龄。

"等等，小弘历是你见过最可爱的孩子，那我呢？"我装作生气，"恶狠狠"地问。

白泽见势不妙，赶紧拍马屁："你当然是我最好的伙伴啊！"

小弘历也来哄我："皮蛋哥哥，我给你讲个故事吧，跟今天的任务目标有关哦。"

今天的任务目标是鹞子，也就是人们常说的雀鹰。开始寻找前，我就把资料查好了。鹞子是一种小型猛禽，体长只有三四十厘米，羽毛是灰褐色的，淡白色的腹部会分布着一些浅浅的横纹。它们喜欢栖息在稀疏的树林中，以各种小鸟、昆虫和鼠类为食。我只知道它们是捕鼠能手，是庄稼的保护者，却没看到它们有什么有趣的故事。

小弘历嘻嘻一笑，眯着眼睛说："这个故事的主角可是鼎鼎有名的，他是汉高祖刘邦和太史公司马迁的偶像——战国四公子之一信陵君魏无忌。"

信陵君我听说过，他礼贤下士、宽厚仁爱，曾窃符救赵，击败了强大的秦军；还曾合纵诸侯，攻打函谷关，迫使秦国求和。可鹞子和他有什么关系呢？难道他喜欢打猎，养了很多雀鹰？

小弘历否定了我的想法，讲道："有一天，信陵君正在吃饭，一只斑鸠飞到他的桌子底下。旁边的仆人连忙跑过来，将斑鸠赶出了窗外。结果斑鸠刚出去，就被一只鹞子抓住杀死了。

"信陵君见了，自责地说：'斑鸠向我求助，我却害死了它。这鹞子真是可恶，我一定要把它抓住！'

"怎么抓呢？信陵君发布悬赏公告。老百姓见了，纷纷去抓捕鹞子，没过几天，就有三百多只鹞子被送到了信陵君府上。

"但哪一只才是凶手呢？信陵君不想放过'凶手'，也不想错杀无辜，于是决定'审问'它们。他拔出佩剑放在鸟笼上，严厉地说：'凶手低头认罪吧，无辜

的鹞子张开翅膀，我会放你们自由。'

"鹞子纷纷张开翅膀，只有一只害怕地低下头。信陵君惩罚了这一只，实现了自己的诺言，又将其他鹞子全放了。人们知道这件事后，都觉得他正直诚信，不会滥杀无辜，因此更崇敬他了。"

"这是真的吗？怎么有点儿夸张呢。难道鹞子能听懂人的话，还懂得认罪伏法？"我提出怀疑。

白泽笑着说："岂止是夸张，你们人类就喜欢把动物抬出来鼓吹自己。动物可没有你们那么多愁善感，要是鹞子都将捕猎小鸟当成过错，那它们就不用活啦！"

和动物比起来，人类的确在很多方面都是"虚伪"的。但虚伪就一定都是坏的吗？唉，这问题太复杂了，我还是去寻找鹞子吧！

神奇秘语

别看鹞子个头儿小，战斗力强着呢，就连训练有素的信鸽也难逃它的"魔爪"。可是鹞子的体长和体重都比信鸽小，它怎么能吃掉信鸽呢？——鹞子在几百米外就能发现目标，然后利用自己迅疾的飞行速度和高超的飞行技巧发起"突袭"，将鸽子扑倒。据说，鸽子看见它们就会吓得瑟瑟发抖呢。

花豹

"嘿，小孩儿，你看这书上写错了吧？"我抓住小弘历的小辫子，把他拉过来。

小弘历对这本书宝贝得很，一听说写错了，急得不得了，一个劲儿地问："哪儿写错了？哪儿写错了？"

我指给他看："这不是《鸟谱》吗，怎么还有花豹啊？"

"咦，还真有花豹，怎么会这样呢？皮蛋哥哥，能不能让我看一下画册？"小弘历急得快要哭了。

"别哭啊，我逗你玩的，"我赶紧安慰他，"你看，这本《鸟谱》里的花豹是一种鸟，它的学名叫大鵟（kuáng），是一种大型猛禽。因为头部和颈部羽毛的颜色和花纹像花豹，所以也叫花豹。"

"真的吗？"小弘历破涕为笑，捧着画册，认认真真地阅读起来。过了一会儿，他认真地对我说："这本书没有弄错，真是太好了。如果因此误人子弟，那就太糟糕了。"

一个六岁的小孩子一本正经地说担心会误人子弟，这画面别提有多萌了。我赶紧给他一杯冰可乐，让他别难过。

"谢谢皮蛋哥哥！"小弘历捧着冰可乐，眼神亮晶晶的，"皮蛋哥哥，回去以后，我要发展教育，发展科技，让大家提前过上幸福的生活！"

我真诚地鼓励他："棒棒哒，加油，要相信自己，你可以的！"

小弘历激动得脸蛋红红的，使劲点头："嗯！我会的！"

但我知道这只是梦境，离开这里，他的记忆就会被抹去。我也明白，历史是不能被改变的。但是我相信，在这一刻，小弘历是真的这样想的。

白泽一边用手机为我们拍照留念，一边自言自语地说："这可真是历史性的一幕啊，等他长大当了皇帝，我拿这照片给他看，不知道会不会送我什么礼物呢？"

但是，如此感人的、具有历史性的时刻，竟然被一位不速之客打断了！

一只体形巨大的猛禽从我们头顶上掠过，强壮的翅膀卷起的气流差点儿把我们拍翻。好不容易重新站稳了，我惊恐地发现，白泽被这只猛禽抓走了！

小弘历抓着我的手大喊："白泽被抓走了，皮蛋哥哥你快想办法啊！"

"我、我也没有办法啊，要是我会飞就好了！"我急得团团转。

小弘历眼睛一亮："你会飞啊！"

"对啊，我会飞，白泽也会飞！"我知道白泽想干吗了，赶紧拿出相机冲过去，准备拍摄记录。

"这时候你还有心思拍照？"小弘历急得直跺脚。

"别怕！"我说，"大鸶抓到猎物不会直接杀死，它们有独特的捕食方式。它们会将猎物抓到高空中，然后再抛下来，不断重复这个过程，直到猎物被摔死，它们才会进食。"

"白泽大人是摔不死的，它在捉弄大鸶！"小弘历恍然大悟，立刻跟了上来。

大鸶已经把白泽带到了空中。狡猾的白泽故意装出很害怕的样子，大喊"救命"。大鸶抓着这猎物俯冲下来，在快要落地之前，松开爪子，将白泽扔到地上。可是，它没想到白泽会飞，不但没被摔死，还飘在空中，对它做鬼脸。

大鸶开始"怀疑鸟生"了，一下愣住，竟滑翔着差点儿撞到山岩上。它知道这会飞的狗狗不是好惹的，于是拍拍翅膀飞走了。

神奇秘语

大鸶捕食时，有时站在高处，有时在空中盘旋，用锐利的眼睛观察、寻找猎物，一旦发现目标，就会快速俯冲下来，用锋利的爪子抓住猎物。如果猎物比较大，不能一下子杀死，大鸶就会抓着猎物飞到高空，松开爪子，让其狠狠地摔到地上，直到猎物失去反抗能力，才降落到地面，慢慢地享受美餐。

鸮鸟

我翻阅任务笔记，发现故宫飞羽任务已经接近尾声了，这让我不由得有些伤感。任务完成的时候，也是我跟白泽和小弘历的分别之时。以后，我再也见不到这个可爱的小朋友了，小弘历也不会记得我。

不过也没关系，我现在跟貘也算是好哥们儿了，有了它的帮助，想要进入谁的梦中，还不都是一句话的事。

就在我踌躇满志准备出发时，小弘历却忽然闹起来。他一屁股坐到地上，假装虚弱地说："哎呀，皮蛋哥哥，我肚子疼得厉害。这个任务就全靠你和白泽了！"

什么呀！这可是在梦境里，装肚子疼的借口也太低级了。我顺手抓出一大把药片，递给他说："肚子疼嘛，吃了这些药就好啦！"

小弘历瞪大眼睛，看着药片，气鼓鼓地嚷道："我不吃西洋药，我不吃西洋药，皮蛋哥哥坏透了……"

干吗来这一出，难道是不想早点儿完成任务，舍不得离开我？小家伙还挺有心的，我正感动不已，白泽插嘴道："他是害怕啦！东北地区有很多关于鸮鸟的民间传说，小孩子都怕它们。"

原来是这样，我安慰道："别怕啊，鸮鸟就是猫头鹰的总称，它们种类很多，长得可呆萌了。很多人都养猫头鹰当宠物呢！《鸟谱》上画的叫花头鸺鹠（xiū liú），它们是猫头鹰中个子最小的，很可爱的。"我把鸮鸟的画像拿给他看。

"可是奶娘说，鸮鸟飞到谁家，就会为谁家带来灾祸，是不祥之鸟。而且它们特别喜欢小孩子，会带走小孩子的魂魄。"小弘历用手蒙住眼睛，抽抽搭搭地哭了起来，"完蛋了，鸮鸟一定会把我的魂魄带走的，我可不想死呢……"

"放心吧，你会活很久的。"我赶紧安抚他，"猫头鹰并不会带来灾祸，更不

会带走小孩子的魂魄。人们害怕它，是因为它们总是在夜晚活动，所以也叫它夜猫子。后来，'夜猫子'这个词也被用来形容一个人总是很晚才睡觉。"

"鸟儿大部分是昼出夜伏，猫头鹰为什么要在夜晚活动呢？"

白泽回答道："这是它们适应环境的结果。猫头鹰的听力非常敏锐，夜视力也非常好，这让它们能够在黑暗中准确地抓住猎物。但也有少数顽皮的猫头鹰会在白天出来玩耍。你们见过白天的猫头鹰吗？可有趣了！"

"哪里有趣呀？"小弘历好奇地问。

"它们长期生活在黑暗中，不能分辨颜色，是鸟类中唯一的色盲。如果白天出门，它们不习惯周围的环境，会飞得摇摇晃晃的，像是喝醉了酒一样。"白泽模仿起猫头鹰在白天飞行的样子，在空中跌跌撞撞，把小弘历逗得哈哈大笑。

小家伙不再害怕了，有点儿不好意思地说："先生早就教过我，子不语怪力乱神。人是没有魂魄的，灾祸也不是猫头鹰带来的，我早就不应该相信这些乱七八糟的传说。"

为了证明自己真的不害怕，小弘历不仅跟我们一起在暗夜中寻找鸮鸟，还主动承担起了拍摄记录的任务，真是个勇敢的小朋友啊！

神奇秘语

在希腊神话中，猫头鹰是智慧女神雅典娜的圣鸟，深得古代希腊人的喜爱。猫头鹰还有个小秘密——虽然眼睛很大，但是它们没有眼球。它们的"眼珠"是圆柱状，不能转动，为了观察周围环境，猫头鹰只能不停地转动脑袋来转换视野，是不是很萌呢？

鹧 鸪

听到"鹧鸪"两个字，小弘历立马激动起来，一口气给我背诵了一长串关于鹧鸪的诗词。

李白的"宫女如花满春殿，只今惟有鹧鸪飞"，李商隐的"欲成西北望，又见鹧鸪飞"，苏轼的"沙上不闻鸿雁信，竹间时听鹧鸪啼"，张籍的"送人发，送人归，白苹茫茫鹧鸪飞"，秦观的"江南远，人何处，鹧鸪啼破春愁"，辛弃疾的"青山遮不住，毕竟东流去。江晚正愁余，山深闻鹧鸪"。

……

我听得一愣一愣的，满脑子只有一个想法：太厉害了，不愧是能写出四万多首诗的"诗魔"……

小弘历大概是说累了，咕嘟咕嘟喝了几大口冰可乐，又继续巴拉巴拉："皮蛋哥哥，你知道吗，鹧鸪还能计时呢！据古籍记载，以前住在深山里的人没有计算时间的工具，就用鹧鸪的飞行规律来计时。正月鹧鸪飞一次，二月鹧鸪飞两次，五月飞五次，十二月飞十二次……只要数出鹧鸪飞的次数，他们就能知道是几月了。"

"这么神奇吗？我怎么觉得是假的呢？"我半信半疑。

小弘历嘿嘿一笑："其实我也觉得可疑，只是书中就这么写着，我也没找到能证明它不对的证据。"

我们眼巴巴地看向白泽。

白泽大人不负众望，侃侃而谈："鹧鸪主要栖息在低矮的丘陵地带，它们喜欢在遍布草丛、矮树和小松林的山坡上筑巢。夜间鹧鸪在巢中歇息，清晨和日暮时到山谷间觅食。它们喜欢温暖，害怕寒冷，通常会在上午11点跑到山顶，飞上枝

头晒太阳，还会用晒得暖暖的沙子做沙浴。春暖花开的时候，它们格外活跃，会成群结队地飞到岩石上或者树枝上，在阳光下放声歌唱，那可是场面宏大的集体演唱会……"

"可是，这和上面的问题有什么关系呢？"

"当然有。"白泽看着我说，"要有耐心，也要会思考。鹧鸪喜欢温暖，12月那么冷，它们飞出去的次数反而最多，这不科学——上面的说法显然是错的。"

原来如此！我和小弘历恍然大悟。

"鹧鸪看起来呆萌可爱，其实是很好斗的，会为了抢夺地盘大打出手，你们知道是为什么吗？"白泽露出一个八卦兮兮的笑容，"这是因为，一山不容二虎，胜利者就可以占领这个山头，成为这个群体的头鸪，拥有选择配偶、繁殖后代、放声歌唱以及在最佳地段进行沙浴的特权。得到头鸪允许的雌鹧鸪也可以洗沙浴，但其他的雄性鹧鸪不行，不能繁殖、不能唱歌，沙浴就更别想了。"

我实在想不出，一群肥嘟嘟、胖乎乎的鹧鸪，为了争地盘大打出手的样子，拉着白泽和小弘历，说："谈来谈去终觉浅，不如山中访鹧鸪！"

我们顷刻间便到了一处山谷，"咕咕咕——咯咯！""咕咕咕——咯咯！"不用说这就是鹧鸪的叫声，的确有些凄凉、伤感。我们循着声音找去，看到了两只花鹧鸪正在争夺领地，它们相互对峙，小脑袋来回试探，不时跳跃起来，拍着翅膀扑到一起，随即瞬间分开，好像武侠小说中点到为止的高手对决。

我们把鹧鸪打斗的场景认真记录下来，任务完满完成！

神奇秘语

鹧鸪的叫声很奇特，古人脑洞大开，认为它们是在说："行不得也哥哥！行不得也哥哥！"意思是：哥哥，前面很危险，不能去啊……还因此写了很多诗歌，编了很多有趣的故事。

告天子

　　小弘历扭扭捏捏地提出一个请求：在任务结束之前，希望我们能带他天南海北去旅游一下。

　　没想到小家伙还是个旅游爱好者，难怪他长大以后会六次下江南呢。

　　小弘历抹着眼泪花儿，难过地说："回去以后，我就再也没有这样的机会了。"

　　我和白泽赶紧答应，手忙脚乱地给他擦眼泪，并让他自己挑选目的地。

　　小弘历想了想，说："我想先去大草原，亲眼看看'天苍苍，野茫茫，风吹草低见牛羊'的景象。"

　　其实我也想去看看秋天的大草原呢，自然举双手支持。白泽翻了翻《鸟谱》，笑着说："正好剩下的任务目标，就有在大草原上出现的。我们现在就出发！"听说秋天的大草原天高云淡，牧草茂盛，河溪清澈，牛羊肥壮，是最美丽的时候。于是，我们便将时间设定为秋季，来到了内蒙古大草原上。

　　一来到草原，我就觉得像是喝了冰可乐一样，浑身都觉得清凉。清新的空气中有青草的味道。放眼四望，只有三个颜色，绿色的草地，蓝色的天空，白色的云朵。

　　"哇，真是太美了！太漂亮了！"我放开喉咙，兴奋地大喊。接着，仰躺在厚厚的草地上，看着头顶的天空，惬意地闭上眼睛，体验风吹过的感觉。

　　白泽也在草地上开心地滚来滚去——看来，童心是永恒的，千年万年也不会消失。小弘历看得哈哈大笑，说："这可真是风吹草低现白泽啊！"忽然他嘘了一声，示意我们不要说话，"好像是鸟儿在唱歌，真好听啊！"

　　"它来啦，它来啦！我们的任务目标自己飞来啦！"白泽开心地哼了起来。

　　不远处，一只鸟儿一边歌唱，一边从地面突然垂直起飞。它飞到足够高的时候，在空中悬停，休息一下，然后再往上飞，直冲云霄。它的歌声柔美又嘹亮，随着它

越飞越高，歌声也飘到了白云里。

"真好听。这是什么鸟？"我好奇地问。

白泽哈哈大笑："告天子，学名叫云雀，它的嗓门在百鸟中可是数一数二的，经常有人把它跟百灵鸟搞混。"

"它为什么叫告天子呢？"小弘历纳闷儿极了，"天子不是皇帝嘛，它是有什么事要告诉我皇玛法？"

小弘历的童真无邪逗得我和白泽捧腹大笑。

白泽解释道："告天子的意思，可不是它要找皇帝告状！而是说它的歌声嘹亮，高入云霄，像是在告诉老天爷什么有趣的事情一样。"

"原来是这样啊。"小弘历的脸蛋唰的一下，红得像个苹果。

"演唱会"结束，云雀像飞上去那样，一段一段地降下来，最后直直地落到地面，蹦蹦跳跳地跑了。它的个头儿小小的，大概就我手掌那么大，羽毛颜色灰扑扑的，我不由得感叹："如果不是亲眼看到，我可能不会相信如此美妙的歌声，竟然来自这么一个外表平凡的小家伙。"

白泽鄙视我："你这是以貌取鸟。"

小弘历笑嘻嘻地说："皮蛋哥哥这是人眼看鸟低！"

"……"

一个是上古神兽，一个是未来皇帝，惹不起，惹不起，我还是开始下一个任务之旅吧。

神奇秘语

云雀虽然没有五颜六色的羽毛，却有清澈婉转的嗓子，而且它的飞翔本领高超至极，能在空中急停、转弯，甚至忽然悬停在空中。它们还是少数能在飞行中唱歌的鸟类，所以人们将其比喻为空中的舞蹈家。法国、丹麦都将云雀作为国鸟。

额摩鸟

"额摩鸟？是不是鸸鹋（ér miáo）啊？不对不对，鸸鹋我见过，比额摩鸟难看多了，所以这到底是什么呢……"我一边努力回忆，一边喃喃自语。

"皮蛋哥哥，你真笨，有这么好用的工具不知道使用。"小弘历拿出手机，熟练地上网搜索，很快就找到了答案，"额摩鸟的学名是鹤鸵，也叫食火鸡，体形仅次于鸵鸟和鸸鹋，是世界第三大鸟……"

这一刻，我的心情非常复杂。作为一个土生土长、从小接触电子产品的现代大小孩，在使用电子产品和网络这件事情上，我竟然输给了一个比我小好几岁、接触电子产品不到两个月的古代小小孩，这真是太没面子了！

白泽安慰我说："三人行，必有我师，这没什么好丢脸的。"

"没错，好朋友就应该互相学习，共同进步。"我觉得自己又可以了，于是兴冲冲地和小弘历一起研究额摩鸟。

"这里说额摩鸟头顶有一个角质盔，是它的声波接收器。声波是什么意思？"小弘历不解地问。

我正要回答，他已经在网上找到了答案："声波是声音的传播形式，发声体产生的振动，在空气或其他物质中的传播叫作声波。也就是说，我们听到的声音，实际上就是声波？那么我们看到的光线，是不是也叫光波？"

"举一反三，厉害了！"我为他的探索精神表示惊叹。

我们来到太平洋最大的岛屿新几内亚岛，在密林中找到了额摩鸟的踪迹。这些庞大的鸟儿害羞又胆小，我们的贸然出现，让它们受到了惊吓，它们迈开强壮的大长腿就开始奔跑，一路上披荆斩棘，锐不可当。遇到挡路的树木，要么用角质盔推倒，要么像跳高运动员那样跳过去。

对了，它们还是游泳健将呢，河流也不能阻挡它们的步伐，真是太厉害了！

白泽警告我们，不要靠近它们。"虽然它们害羞又胆小，但遇到危险就会变成勇猛的战士，别说人类，就连强壮的狗和马都不是它们的对手。2004 年，它们被吉尼斯世界纪录列为世界上最危险的鸟类。"

我赶紧拉着小弘历远离这群"危险分子"。

突然小弘历抽抽搭搭地哭了起来："这是最后一个任务了，任务结束，我就要离开这个梦境了，以后再也见不到你们了。"

我和白泽赶紧安慰小弘历，承诺以后还会去梦境里找他玩，这才让小家伙破涕为笑。

白泽提议我们来个篝火晚会，庆祝圆满完成任务。于是我们生了一堆火，吃烧烤，喝冰可乐，笑着闹着直到深夜，然后不知不觉地睡着了。

第二天清晨，我们要离开这里，也要离开梦境，回到现实了。正在伤感地互相道别，突然，一只鹤鸵鸟贼头贼脑地走了过来，悄悄靠近已经燃尽的火堆，好奇地用尖嘴拨拉了几下，找到几颗已经熄灭的炭块吞进了肚子里。

白泽说这些炭块能帮助它们消化食物，我和小弘历这才恍然大悟："难怪人们叫它食火鸡，原来它们真的会吃火啊！"

这个小插曲消除了我们的伤感情绪。海内存知己，天涯若比邻，只要愿意，我们随时都可以重聚。或许在不久的将来，我们还会接到新的任务呢！

神奇秘语

在《兽谱》的任务中，我们也提到过一种食火的神兽，小朋友们还记得吗？对了，就是厌火兽，它们不仅能吞火，还能吐火。它们这种本领的原型来自哪里？也许就是食火鸡食炭的行为。

飞羽档案

学名：红腹锦鸡

别名：鷩（bì）雉、华虫、天鸡、锦鸡

类别：陆禽

主要分布地：中国秦岭地区

学名：白鹇

别名：白雉、银鸡、银雉、越鸟

类别：陆禽

主要分布地：中国南方、东南半岛

学名：红腹角雉

别名：红色吐绶鸡、寿鸡、珍珠鸡

类别：陆禽

主要分布地：中国南部、东南亚、印度

学名：朱顶大啄木

别名：木裂（liè）、火老鸦、山啄木、黑啄木鸟

类别：攀禽

主要分布地：中国北部

学名：戴胜

别名：戴南、织鸟、臭姑鸪、花蒲扇

类别：攀禽

主要分布地：亚洲、欧洲、北非

飞羽档案

学名：大杜鹃
别名：刺毛鹰、布谷
类别：攀禽
主要分布地：全球各地

学名：欧夜鹰
别名：蚊母鸟、贴树皮、王冈哥
类别：攀禽
主要分布地：欧洲、亚洲北部

学名：冠斑犀鸟
别名：弩克鸦克、越王鸟、五距鸟
类别：攀禽
主要分布地：东南亚、印度

学名：金腰燕
别名：赤腰燕、紫燕、越燕
类别：鸣禽
主要分布地：全球各地

学名：萧山鸡
别名：沙地大种鸡、九斤黄、越鸡
类别：陆禽
主要分布地：中国浙江

飞羽档案

学名：火鸡
别名：洋鸡、吐绶鸡
类别：陆禽
主要分布地：西欧、北美

学名：环颈雉
别名：野鸡、山鸡、山雉
类别：陆禽
主要分布地：东亚、中亚

学名：疣鼻天鹅
别名：红嘴天鹅、丹鹄、哑声天鹅
类别：游禽
主要分布地：中国、俄罗斯、中亚

学名：大天鹅
别名：家鹅、白鹅
类别：游禽
主要分布地：世界各地

学名：鸿雁
别名：黄枸雁、鸿、黑嘴雁
类别：游禽
主要分布地：中国、蒙古、俄罗斯

飞羽档案

学名：绿头鸭

别名：舒凫、大绿头、大麻鸭

类别：游禽

主要分布地：世界各地

学名：鸳鸯

别名：中国官鸭、匹鸟、邓木鸟

类别：游禽

主要分布地：中国、日本、俄罗斯

学名：小䴙䴘

别名：油鸭、水葫芦、油葫芦、王八鸭子

类别：游禽

主要分布地：世界各地

学名：东方白鹳

别名：鹳、鹳雀、皂君

类别：涉禽

主要分布地：中国、日本、西伯利亚

学名：白鹤

别名：鸴鹅、西伯利亚鹤、雪鹤

类别：涉禽

主要分布地：中国、中亚

飞羽档案

学名：秃鹳
别名：鹴鹭、扶老、爱居
类别：涉禽
主要分布地：中国、南亚、东南亚

学名：红嘴鸥
别名：江鸥、江鹅、水鸽子
类别：游禽
主要分布地：世界各地

学名：海鸥
别名：信鸟、信凫、水鸮
类别：游禽
主要分布地：北半球沿海地区

学名：粉红燕鸥
别名：建华鸭、芙蓉鸥、碧海舍人
类别：游禽
主要分布地：世界各地

学名：白鹭
别名：鹭鸶、白鸟、雪客
类别：涉禽
主要分布地：中国

飞羽档案

学名：白鹈鹕
别名：淘河、水流鹅
类别：游禽
主要分布地：欧洲南部、中国西部

学名：大麻鳽
别名：五斑虫、鸦母
类别：游禽
主要分布地：世界各地

学名：灰头麦鸡
别名：打谷鸟、护田鸟、章渠
类别：涉禽
主要分布地：东亚、南亚

学名：普通鸬鹚
别名：鸬鹚、水老鸦、钓鱼郎
类别：涉禽
主要分布地：世界各地

学名：普通翠鸟
别名：北翠、翠碧鸟、鱼狗
类别：攀禽
主要分布地：世界各地

飞羽档案

学名：黑翅长脚鹬

别名：水喜鹊、水鸠、红脚娘子、高跷鸟

类别：涉禽

主要分布地：世界各地

学名：鹡鸰

别名：白面鸟、点水雀、张飞鸟

类别：陆禽

主要分布地：世界各地

学名：小嘴乌鸦

别名：楚鸟、细嘴乌鸦、乌鸦

类别：鸣禽

主要分布地：亚洲、欧洲

学名：八哥

别名：白鸦、鸲鹆、了哥仔

类别：鸣禽

主要分布地：中国、东南亚

学名：中国寿带鸟

别名：白练、练鹊、白练雀

类别：鸣禽

主要分布地：中国

飞羽档案

学名：棕背伯劳

别名：锦背不刺、伯劳

类别：鸣禽

主要分布地：亚洲、北美洲

学名：秃鹫

别名：狗头鹫、狗头雕

类别：猛禽

主要分布地：世界各地

学名：金雕

别名：金鹫、老雕、接白雕

类别：猛禽

主要分布地：亚洲、欧洲、北美洲

学名：矛隼

别名：白海青、海东青

类别：猛禽

主要分布地：东亚、欧洲、北美洲

学名：雀鹰

别名：鹞子、白兔鹰、游鸟

类别：猛禽

主要分布地：世界各地

飞羽档案

学名：大鵟
别名：花豹、白鹭豹
类别：猛禽
主要分布地：东亚、中亚

学名：花头鸺鹠
别名：鸮鸟、鸺鹠、夜猫子
类别：猛禽
主要分布地：世界各地

学名：中华鹧鸪
别名：鹧鸪、越雉、山鸪
类别：陆禽
主要分布地：中国

学名：云雀
别名：告天子、百灵
类别：鸣禽
主要分布地：世界各地

学名：鹤鸵
别名：食火鸡、额摩鸟
类别：陆禽
主要分布地：印度尼西亚、新几内亚